Inhalte aus dem Lehrbuch Zahlen und Größen Klasse 9

Zusammenfassung

Rechnen mit Quadratwurzeln

Beim **Addieren** (**Subtrahieren**) von Quadratwurzeln darf man die Radikanden nicht addieren (subtrahieren).

$\sqrt{9} + \sqrt{16} = 3 + 4 = 7$ aber
$\sqrt{9 + 16} = \sqrt{25} = 5$

Beim **Multiplizieren (Dividieren)** von Quadratwurzeln darf man die Radikanden multiplizieren (dividieren):
$\sqrt{a} \cdot \sqrt{b} = \sqrt{a \cdot b}$

$\sqrt{16} \cdot \sqrt{4} = 4 \cdot 2 = 8$
$\sqrt{16 \cdot 4} = \sqrt{64} = 8$

Gleiche Radikanden dürfen mit dem Distributivgesetz zusammengefasst werden:
$a \cdot \sqrt{b} + c \cdot \sqrt{b} = (a + c) \cdot \sqrt{b}$

$5 \cdot \sqrt{6} - 2 \cdot \sqrt{6} = (5 - 2) \cdot \sqrt{6} =$
$3 \cdot \sqrt{6} \approx 7{,}35$

Intervallschachtelung und irrationale Zahlen

Irrationale Zahlen haben als Dezimalbruch unendlich viele Stellen nach dem Komma. Man kann sie mit Hilfe einer Intervallschachtelung beliebig genau annähern.
Eine **Intervallschachtelung** ist eine Folge von ineinander enthaltenen Intervallen. Die Intervalllängen kann man beliebig klein werden lassen. Die Intervallschachtelung bestimmt genau eine Zahl, sie liegt in allen Intervallen.

Die rationalen Zahlen und die irrationalen Zahlen zusammen bilden die **reellen Zahlen**.

Irrationale Zahlen:
$\sqrt{2}$, $\sqrt{10}$
Näherungsweise Bestimmung von $\sqrt{2}$ mit einer Intervallschachtelung:
[1; 2]
[1,4; 1,5]
[1,41; 1,42]
[1,414; 1,415]
[1,4142; 1,4143]

Wurzelgleichungen lösen

Gleichungen, in denen die Variable unter dem Wurzelzeichen steht, nennt man **Wurzelgleichungen**.

Um Wurzelgleichungen zu lösen, muss man das Wurzelzeichen entfernen.
Bei vielen Wurzelgleichungen genügt es beide Seiten der Gleichung zu quadrieren. Einige Wurzelgleichungen müssen vor dem Quadrieren so umgestellt werden, dass der Wurzelterm auf einer der beiden Seiten der Gleichung alleine steht.

Beim Quadrieren handelt es sich nicht um eine Äquivalenzumformung. Daher macht man anschließend eine Probe, um zu prüfen, ob die gefundene Lösung auch Lösung der Ausgangsgleichung ist.

Wurzelgleichungen sind nur für reelle Zahlen lösbar, für die der Radikand größer gleich null ist.

$\sqrt{x + 5} + 3 = 6 \quad | -3$
$\sqrt{x + 5} = 3 \quad |$ quadrieren
$x + 5 = 9 \quad | -5$
$x = 4$

Probe: $\sqrt{x + 5} + 3 = 6$
$\sqrt{4 + 5} + 3 = 6$
$\sqrt{9} + 3 = 6$
$6 = 6$
Übereinstimmung, d. h. die gefundene Lösung $x = 4$ ist Lösung der Ausgangsgleichung.

$\sqrt{x - 3} = 12$ hat den Definitionsbereich
$D = \{x \mid x \in \mathbb{R} \text{ und } x \geq 3\}$

Teste dich!

a | b

1 Berechne, runde gegebenenfalls auf Hundertstel.

a) $\sqrt{2}+\sqrt{5}$ b) $\sqrt{16}-\sqrt{4}$ c) $\sqrt{9}+\sqrt{17}$ d) $\frac{\sqrt{4}}{\sqrt{11}}$ e) $\sqrt{50}:\sqrt{2}$ f) $\frac{\sqrt{8}}{3\sqrt{2,5}}$

a

2 Vereinfache und berechne, wenn möglich ohne Taschenrechner.

a) $\sqrt{32}:\sqrt{2}$

b) $\sqrt{3}\cdot\sqrt{12}$

c) $\sqrt{4}-\sqrt{16}$

d) $\sqrt{25}+\sqrt{9}$

e) $\sqrt{50}:\sqrt{2}+\sqrt{49}$

f) $\sqrt{100}:\sqrt{4}+\sqrt{121}$

b

2 Vereinfache und berechne, wenn möglich ohne Taschenrechner.

a) $\sqrt{25}+\sqrt{9}$

b) $\sqrt{0,5}:\sqrt{\frac{1}{2}}$

c) $\sqrt{\frac{1}{36}}-\sqrt{4}$

d) $\sqrt{72}\cdot\sqrt{2}$

e) $\frac{\sqrt{60}}{\sqrt{\sqrt{25}+\sqrt{100}}}$

f) $\sqrt{125}\cdot\frac{\sqrt{2}}{\sqrt{10}}$

3 Rechne vorteilhaft.

a) $\sqrt{147}:\sqrt{3}$ b) $\sqrt{24}\cdot\sqrt{6}$ c) $\sqrt{125}:\sqrt{5}$ d) $\sqrt{192}:\sqrt{3}$ e) $\sqrt{12}\cdot\sqrt{4}:\sqrt{3}$

a

4 Welche Wurzeln lassen sich genau und welche nur näherungsweise bestimmen? (6 Punkte)

a) $\sqrt{169}$ b) $\sqrt{2,5}$ c) $\sqrt{0,04}$
d) $\sqrt{0,049}$ e) $\sqrt{400}$ f) $\sqrt{32}$

5 Welche Zahlen sind rational, welche sind irrational? Begründe deine Entscheidung.

a) 0,333 333 … b) 1,414 213 562 …
c) 0,313 131 … d) 0,142 857 142 857 …

6 Forme die Wurzelgleichungen gegebenenfalls um und löse diese.

a) $\sqrt{3x-2}=2$

b) $\sqrt{2x+1}=5$

c) $\sqrt{6x-9}=3$

d) $\sqrt{5x+6}=\sqrt{9x-18}$

e) $\sqrt{6x+16}=\sqrt{7x+8}$

f) $\sqrt{10x+6}+6=22$

b

4 Bestimme $\sqrt{7}$ mit einer Intervallschachtelung.
Runde auf drei Nachkommastellen. Notiere jedes Intervall.

5 Bestimme, ob die Zahl rational oder irrational ist.

a) $\sqrt{9}$ b) $\sqrt{5}$ c) $\sqrt{7}$
d) $\sqrt{\frac{1}{36}}$ e) $\sqrt{12-1}$ f) $\sqrt{\frac{1}{20}}$

6 Forme die Wurzelgleichungen gegebenenfalls um und löse diese.

a) $\sqrt{13x-3}+2=9$

b) $\sqrt{4x+4}+10=18$

c) $\sqrt{3x-9}+2=11$

d) $\sqrt{14x+2}-3=7$

e) $\sqrt{\sqrt{11x+3}+10}=4$

f) $\sqrt{\sqrt{2x+1}-3}=2$

7 Subtrahiert man von einer Zahl 20, zieht die Wurzel aus der Differenz und subtrahiert drei, so erhält man sieben. Welche Zahl ist gemeint?

Gold: 47 – 44 Punkte, Silber: 43 – 38 Punkte, Bronze: 37 – 32 Punkte

Punkteverteilung

Aufgabe	a	b
1		6
2	8	8
3		5
4	6	10
5	4	6
6	6	6
7		6

HINWEIS
Brauchst du noch Hilfe, so findest du auf den angegebenen Seiten ein Beispiel oder eine Anregung zum Lösen der Aufgaben. Überprüfe deine Ergebnisse mit den Lösungen auf Seite 34.

Aufgabe	Seite
1 – 7	2

Zusammenfassung

Die binomischen Formeln

Die binomischen Formeln sind spezielle Produkte von zwei Summen.

1. binomische Formel:	$(a + b)^2 = a^2 + 2ab + b^2$	$(x + 3)^2 = x^2 + 6x + 9$
2. binomische Formel:	$(a - b)^2 = a^2 - 2ab + b^2$	$(5 - a)^2 = 25 - 10a + a^2$
3. binomische Formel:	$(a + b)(a - b) = a^2 - b^2$	$(2x + 3y)(2x - 3y) = 4x^2 - 9y^2$

Die Normalparabel und Formänderung der Normalparabel

Eine Funktion, in der eine Variable mit dem Exponenten 2 vorkommt und keine Variable einen höheren Exponenten als 2 hat, nennt man **quadratische Funktion**.
Der Graph einer quadratischen Funktion $f(x) = x^2$ heißt **Normalparabel** mit dem Scheitelpunkt S. Die Normalparabel ist **symmetrisch** zur y-Achse.
Der Graph einer quadratischen Funktion $f(x) = ax^2$ ist eine zur y-Achse symmetrische Parabel mit dem Scheitelpunkt $S(0|0)$. Der Faktor a bestimmt die Form und die Öffnungsrichtung der Parabel.

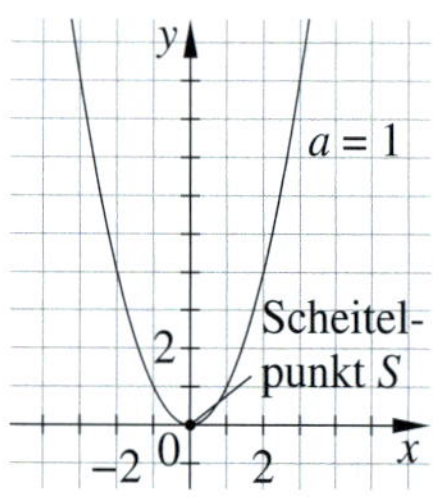

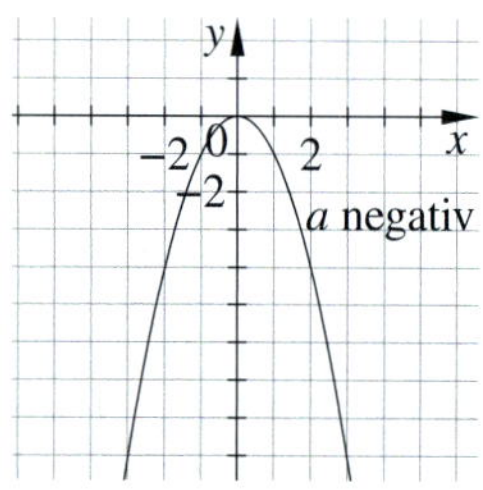

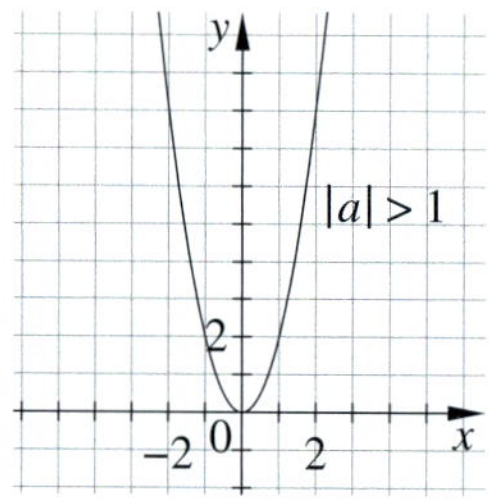

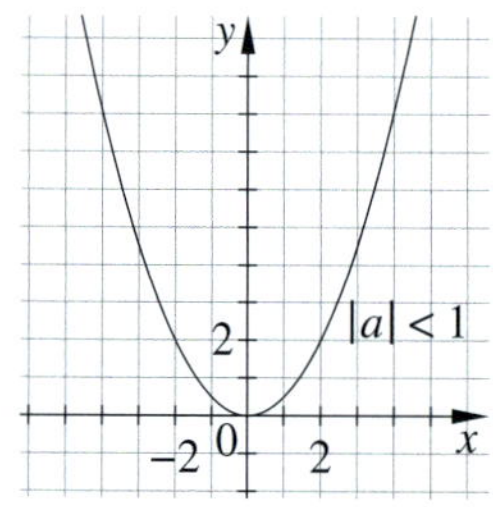

Verschiebung der Normalparabel, allgemeine Form und Scheitelpunktform

Aus der **Scheitelpunktform** $f(x) = a(x - x_s)^2 + y_s$ kann man den Scheitelpunkt $S(x_s|y_s)$ direkt ablesen.
a bestimmt die Form und Öffnungsrichtung der Parabel, x_s die Verschiebung in Richtung der x-Achse und y_s die Verschiebung in Richtung der y-Achse. Jede quadratische Funktion in der allgemeinen Form $f(x) = ax^2 + bx + c$ kann mit Hilfe der **quadratischen Ergänzung** in die Scheitelpunktform $f(x) = a(x - x_s)^2 + y_s$ umgeformt werden.

$f(x) = 2(x - 3)^2 - 1$
Scheitelpunkt $S(3|-1)$; $a = 2$, $|2| > 1$, also gestreckte Parabel,
$2 > 0$, also nach oben geöffnet;
Verschiebung um 3 Einheiten nach rechts und 1 Einheit nach unten.

$f(x) = x^2 + 6x + 1$
$\quad = x^2 + 6x + \left(\frac{6}{2}\right)^2 - \left(\frac{6}{2}\right)^2 + 1$
$\quad = (x + 3)^2 - 8$
Scheitelpunkt $S(-3|-8)$, verschobene Normalparabel

Nullstellen von quadratischen Funktionen

Die Nullstelle x_n einer Funktion ist die x-Koordinate des Schnittpunktes des Graphen mit der x-Achse. Es gilt $f(x_n) = 0$.
Eine quadratische Funktion hat zwei, eine oder keine Nullstellen.

$f(x) = -3x^2 + 48 = 0$	$\mid :(-3)$
$0 = x^2 - 16$	$\mid +16$
$16 = x^2$	| Wurzel ziehen
$x_1 = 4$ und $x_2 = -4$	

Teste dich!

a

b

1 Berechne die Binome.

a) $(2x + y)^2$ b) $(3x - y)^2$ c) $(x + 5)(x - 5)$ d) $(6a + 4)(6a - 4)$

2 Beschreibe den Funktionsgraphen möglichst genau: Wertebereich, Monotonie, Scheitelpunkt der Parabel, Öffnung, Form (gestreckt/gestaucht) und Anzahl der Nullstellen.

a) $f(x) = (x - 3)^2 + 2$ b) $f(x) = (x + 2)^2$ c) $f(x) = -x^2 + 4$
d) $f(x) = -(x + 1{,}5)^2 - 1$ e) $f(x) = 2x^2 - 5$ f) $f(x) = 0{,}75(x - 2)^2 + 3$

3 (a) Bestimme die Funktionsgleichungen der verschobenen Normalparabeln.

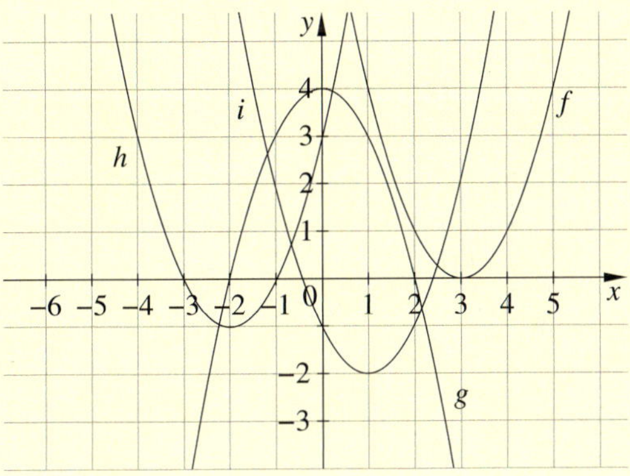

3 (b) Bestimme die Funktionsgleichungen der verschobenen Parabeln.

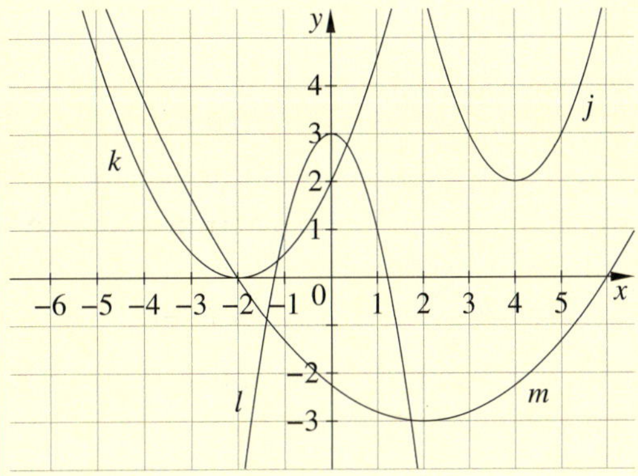

4 Berechne den Scheitelpunkt der Funktionen.

a) $f(x) = x^2 + 4x + 1$ b) $f(x) = x^2 - 6x + 3$ c) $f(x) = x^2 - 12x + 4$ d) $f(x) = x^2 - \frac{1}{2}x + 2$

5 (a) Bestimme die Nullstellen der Funktionen und gib ihre Anzahl an.

a) $f(x) = x^2 + 2{,}25$
b) $f(x) = -0{,}5x^2 + 2$
c) $f(x) = x^2 + 5x$

5 (b) Bestimme die Nullstellen der Funktionen und gib ihre Anzahl an.

a) $f(x) = x^2 - 6x + 8$
b) $f(x) = x^2 - x - 3{,}75$
c) $f(x) = 2x^2 + 3x - 20$

6 (a) Der Parabelbogen einer Brücke lässt sich durch die Funktionsgleichung $f(x) = -\frac{1}{9}x^2 + 10$ beschreiben.

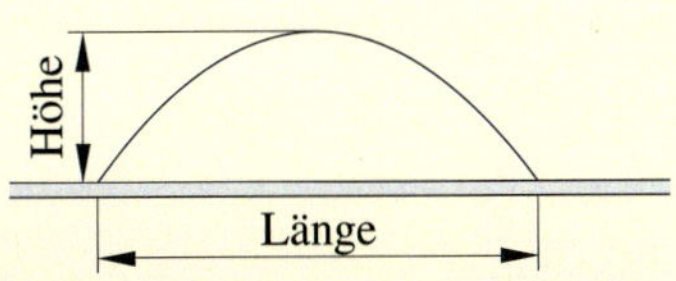

a) Wie hoch und wie lang ist die Brücke?
b) Die Fahrbahnbreite beträgt ca. $\frac{2}{3}$ ihrer Länge. Berechne die Fahrbahnfläche.

6 (b) Ein Stein wird nach oben geworfen. Seine Flugbahn kann mit der Gleichung $f(x) = -5x^2 + 25x + 1{,}75$ beschrieben werden (x: Zeit in s, $f(x)$: Höhe in m).

a) In welcher Höhe befindet sich der Stein nach 1 Sekunde bzw. nach 4 Sekunden?
b) Zu welchem Zeitpunkt erreicht der Stein seine größte Höhe? In welcher Höhe befindet er sich dann?
c) Nach wie vielen Sekunden trifft der Stein etwa auf dem Boden auf?

Gold: 31 – 30 Punkte, Silber: 29 – 26 Punkte, Bronze: 25 – 21 Punkte

Punkteverteilung

<table>
<tr><th>Aufgabe</th><th>a</th><th>b</th></tr>
<tr><td>1</td><td colspan="2">4</td></tr>
<tr><td>2</td><td colspan="2">12</td></tr>
<tr><td>3</td><td>4</td><td>4</td></tr>
<tr><td>4</td><td colspan="2">4</td></tr>
<tr><td>5</td><td>3</td><td>3</td></tr>
<tr><td>6</td><td>2</td><td>4</td></tr>
</table>

HINWEIS
Brauchst du noch Hilfe, so findest du auf den angegebenen Seiten ein Beispiel oder eine Anregung zum Lösen der Aufgaben. Überprüfe deine Ergebnisse mit den Lösungen auf Seite 35.

Aufgabe	Seite
1 – 6	4

Zusammenfassung

Ungleichungen lösen

Um eine **Ungleichung** zu lösen, nutzt man die gleichen Äquivalenzumformungen wie bei linearen Gleichungen, mit einer Ausnahme: Multipliziert oder dividiert man beide Seiten einer Ungleichung mit einer negativen Zahl, dreht sich das Verhältniszeichen um.

$$
\begin{aligned}
-3x - 4 &\le 4x + 5 && \mid -4x\\
-7x - 2 &\le 5 && \mid +2\\
-7x &\le 7 && \mid :(-7)\\
x &\ge -1
\end{aligned}
$$

Die Menge der Lösungen von Ungleichungen wird **Lösungsmenge** genannt und mit L bezeichnet. Häufig lässt sich diese als Strecke oder Halbgerade auf dem Zahlenstrahl darstellen.

$L = \{x \in \mathbb{R}^+ \mid x < 2\}$

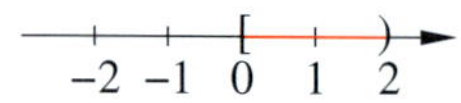

$L = \{x \in \mathbb{R} \mid x < 2\}$

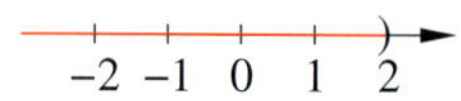

Rein quadratische Gleichungen lösen

Gleichungen, bei denen die Variable nur in der zweiten Potenz vorkommt, heißen **rein quadratische Gleichungen**.
Sie lassen sich auf die Form $x^2 = d$ zurückführen.

Wenn $\boldsymbol{d > 0}$ ist, hat die Gleichung $x^2 = d$ **zwei Lösungen**: $x_1 = \sqrt{d}$ und $x_2 = -\sqrt{d}$.

Wenn $\boldsymbol{d = 0}$ ist, hat die Gleichung $x^2 = d$ **genau eine Lösung**: $x_1 = 0$.

Wenn $\boldsymbol{d < 0}$ ist, hat die Gleichung $x^2 = d$ **keine Lösung**.

$$
\begin{aligned}
x^2 - 25 &= 0 && \mid -25\\
x^2 &= 25 && \mid \text{Wurzelziehen}\\
x_1 = 5 \ &\text{und}\ x_2 = -5
\end{aligned}
$$

$$
\begin{aligned}
4x^2 &= 0 && \mid :4\\
x^2 &= 0 && \mid \text{Wurzelziehen}\\
x &= 0
\end{aligned}
$$

$$
\begin{aligned}
x^2 + 36 &= 0 && \mid -36\\
x^2 &= -36
\end{aligned}
$$

Allgemein quadratische Gleichungen lösen

Quadratische Gleichungen können in die **Normalform** $\boldsymbol{x^2 + px + q = 0}$ überführt werden.

Sie können mit dem Verfahren der Quadratischen Ergänzung und der ***p-q*-Formel** gelöst werden.

Die *p-q*-Formel lautet $x_1 = -\frac{p}{2} + \sqrt{\left(\frac{p}{2}\right)^2 - q}$ und $x_2 = -\frac{p}{2} - \sqrt{\left(\frac{p}{2}\right)^2 - q}$

Aus der **Diskriminante** $\boldsymbol{D} = \left(\frac{p}{2}\right)^2 - q$ lässt sich die Anzahl der Lösungen ablesen:

$\boldsymbol{D} > 0$: zwei Lösungen (z. B. $\sqrt{\boldsymbol{D}} = \sqrt{169}$)

$\boldsymbol{D} = 0$: eine Lösung (z. B. $\sqrt{\boldsymbol{D}} = \sqrt{0}$)

$\boldsymbol{D} < 0$: keine Lösung (z. B. $\sqrt{\boldsymbol{D}} = \sqrt{-16}$)

$$
\begin{aligned}
x^2 - 10x + 24 &= 0 && \mid \text{quad. Ergänzung}\\
\underbrace{x^2 - 10x + \left(\tfrac{10}{2}\right)^2}_{(x-5)^2} + 24 &= \left(\tfrac{10}{2}\right)^2 && \mid -24\\
(x-5)^2 &= 1
\end{aligned}
$$

$x_1 - 5 = 1 \quad \mid +5$ und $x_2 - 5 = -1 \quad \mid +5$

$x_1 = 6$ und $x_2 = 4$

$x^2 + 6x + 5 = 0$ und

$x_1 = -\frac{6}{2} + \sqrt{\left(\frac{6}{2}\right)^2 - 5}$ $\qquad x_2 = -\frac{6}{2} - \sqrt{\left(\frac{6}{2}\right)^2 - 5}$

$x_1 = -3 + \sqrt{4}$ $\qquad x_2 = -3 - \sqrt{4}$

$x_1 = -1$ $\qquad x_2 = -5$

Teste dich!

a | **b**

1 Löse die folgenden Ungleichungen. Gib die Lösungen in Intervallschreibweise an.

a) $12x + 5 > x - 3$ b) $2x + 29 \leq -3x - 6$ c) $22 - 4x < -6x$

d) $\frac{1+8x}{2} \geq -10x + 4$ e) $21x + 39 \leq -3x - 9$ f) $\frac{14-2x}{4} < 36$

2 (a) Addiert man zu dem Fünffachen einer Zahl acht, so erhält man höchstens fünfzehn. Wie lautet die gesuchte Zahl?

2 (b) Addiert man zu dem Neunfachen einer Zahl zwölf, so erhält man mindestens die Differenz aus dem Zweifachen dieser Zahl und zwei. Wie lautet die gesuchte Zahl?

3 Löse die quadratischen Gleichungen.

a) $4x^2 - 25 = 0$ b) $1{,}2x^2 - 14{,}7 = 0$ c) $x^2 - 4{,}5x = 0$ d) $x^2 + 3x - 18 = 0$

e) $x^2 + 1{,}5x - 1 = 0$ f) $x^2 - \frac{5}{6}x + \frac{1}{6} = 0$ g) $4x^2 - 52x + 160 = 0$ h) $0{,}5x^2 - 3x + 4 = 0$

4 (a) Gib eine quadratische Gleichung an, die die folgenden Lösungen hat.

a) $x_1 = 12$ und $x_2 = -12$

b) $x_1 = 0$ und $x_2 = 7$

c) $x_1 = 8$

d) keine Lösung

4 (b) Gib eine quadratische Gleichung an, die die folgenden Lösungen hat.

a) $x_1 = 9$ und $x_2 = 12$

b) $x_1 = 0$ und $x_2 = 9$

c) $x_1 = 12$

d) x_1 ist doppelt so groß wie x_2

5 (a) Geometrische Berechnungen

a) Die Diagonale in einem Quadrat ist 128 cm lang. Wie lang ist eine Seite des Quadrats?

b) Der Oberflächeninhalt eines Würfels beträgt 121,5 cm². Wie lang sind seine Kanten?

5 (b) Ein Rechteck und ein Dreieck haben jeweils einen Flächeninhalt von 120 cm².

a) Der Umfang des Rechtecks beträgt 46 cm. Wie lang sind die beiden Seiten?

b) Die Grundseite des Dreiecks ist 1 cm länger als die zugehörige Höhe. Wie lang ist die Grundseite?

6 (a) Auf einem rechteckigen Feld mit einer Länge von 120 m und einer Breite von 80 m soll ein Sportplatz errichtet werden. Auf 60 % der Fläche wird das Sportfeld errichtet und rundherum ein gleichmäßig breiter Zuschauerraum.

a) Berechne die Breite des Zuschauerraumes.

b) Welche Maße hat das Spielfeld?

6 (b) Verlängert man den Radius eines Kreises um 50 cm, dann verdoppelt sich die Kreisfläche.

a) Wie lang war der ursprüngliche Radius?

b) Um wie viel Prozent wurde der Radius vergrößert?

Gold: 34–32 Punkte, Silber: 31–28 Punkte, Bronze: 27–23 Punkte

Punkteverteilung		
Aufgabe	a	b
1	6	
2	2	3
3	8	
4	4	5
5	4	6
6	4	6

HINWEIS
Brauchst du noch Hilfe, so findest du auf den angegebenen Seiten ein Beispiel oder eine Anregung zum Lösen der Aufgaben. Überprüfe deine Ergebnisse mit den Lösungen auf Seite 36.

Aufgabe	*Seite*
1–6	6

Zusammenfassung

Wahrscheinlichkeiten

Zufallsexperimente, bei denen alle Ergebnisse gleich wahrscheinlich sind, nennt man **Laplace-Experimente**.

$P(e) = \frac{1}{\textit{Anzahl aller möglichen Ergebnisse}}$

Handelt es sich um kein Laplace-Experiment, so wird die **statistische Wahrscheinlichkeit** eines Ergebnisses bestimmt.

Beim Münzwurf sind die Ergebnisse „Kopf“ (K) und „Zahl“ (Z) gleich wahrscheinlich.

$P(K) = \frac{1}{2} = \frac{50}{100} = 50\,\%$

$P(Z) = \frac{1}{2} = \frac{50}{100} = 50\,\%$

Das 100-malige Würfeln mit einem Filmdöschen ergab 4-mal Position 1, 90-mal Position 2 und 6-mal Position 3, d.h. $P(1) = 4\,\%$, $P(2) = 90\,\%$ und $P(3) = 6\,\%$.

Summenregel

Bei Zufallsexperimenten gilt die **Summenregel** zur Berechnung von Wahrscheinlichkeiten. Die Wahrscheinlichkeit eines Ereignisses E berechnet man, indem man die Wahrscheinlichkeiten der einzelnen Ergebnisse, die zu diesem Ereignis gehören, addiert. Bei Laplace-Experimenten gilt:

$P(E) = \frac{\textit{Anzahl der günstigen Ergebnisse}}{\textit{Anzahl der möglichen Ergebnisse}}$

Man gewinnt beim Drehen des Glücksrades, wenn eine ungerade Zahl „gedreht“ wird.

$P(\text{„ungerade“}) = P(1) + P(3) + P(5) + P(7)$
$= \frac{1}{8} + \frac{1}{8} + \frac{1}{8} + \frac{1}{8} = \frac{4}{8} = \frac{1}{2}$

oder

Anzahl der günstigen Ergebnisse: 4
Anzahl der möglichen Ergebnisse: 8
$P(\text{„ungerade“}) = \frac{4}{8} = \frac{1}{2}$

Wahrscheinlichkeiten nutzen und deuten

Wahrscheinlichkeitsaussagen lassen sich nur auf eine große Anzahl von Versuchen anwenden und sind für die Vorhersage von Einzelergebnissen nicht geeignet.

Die Regenwahrscheinlichkeit im Tyrrhenischen Meer beträgt im Sommer 7 %. Bei drei Wochen muss man mit 1–2 Regentagen rechnen. Es kann aber auch gar nicht oder an mehr als zwei Tagen regnen.

Mehrstufige Zufallsexperimente, Pfadregel

Setzt sich ein Zufallsexperiment aus zwei (drei, …) Teilexperimenten zusammen, so nennt man es zweistufiges (dreistufiges, …) Zufallsexperiment. Zur Veranschaulichung verwendet man Baumdiagramme.

Bei mehrstufigen Zufallsexperimenten ergibt sich die Wahrscheinlichkeit eines Ergebnisses aus dem Produkt der Wahrscheinlichkeiten der einzelnen Teilergebnisse.

Zehn Jungen werden zufällig auf zwei 5-Bett-Zimmer aufgeteilt. Mit welcher Wahrscheinlichkeit schläft Lukas mit genau einem seiner Freunde in einem Zimmer?

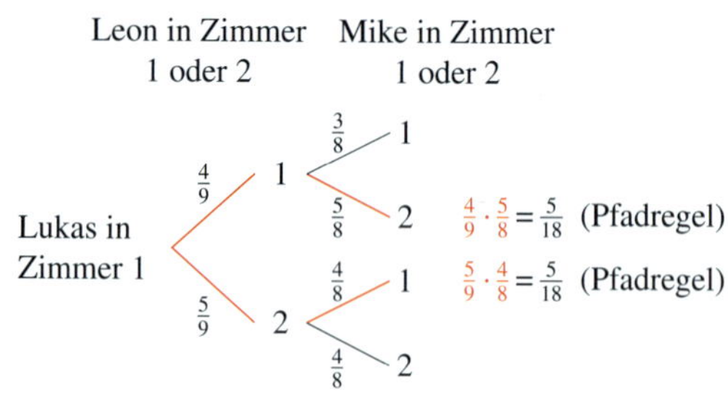

Summenregel: $\frac{5}{18} + \frac{5}{18} = \frac{5}{9} = 55{,}6\,\%$

Teste dich!

Punkteverteilung		
Aufgabe	a	b
1	3	6
2	4	
3	3	6
4	4	
5	4	6
6	3	

a

1 Entscheide und begründe, ob es sich bei den folgenden Experimenten um ein Laplace-Experiment handelt oder nicht.
a) „Flaschendrehen"
b) ein Marmeladenbrot fällt vom Tisch
c) Werfen eines Korkens

b

1 Giulia möchte die Wahrscheinlichkeit für das Würfeln mit einem Legostein ermitteln. Welche Ergebnisse können auftreten und wie lassen sich die Wahrscheinlichkeiten für diese Ergebnisse näherungsweise bestimmen?

2 Bestimme die Wahrscheinlichkeit dafür, dass das Glücksrad …
a) auf dem grünen Feld stehen bleibt.
b) auf einem gelben Feld stehen bleibt.
c) auf einem roten oder auf einem blauen Feld stehen bleibt.
d) weder auf dem grünen noch auf einem blauen Feld stehen bleibt.

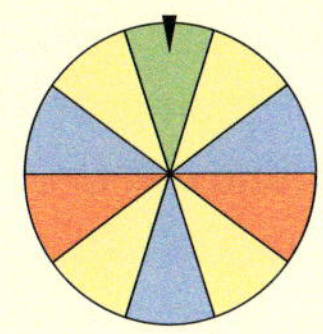

3 (a) Zeichne ein Glücksrad mit mindestens acht gleich großen Feldern, bei dem die Wahrscheinlichkeit für „blau" 50 % und für „gelb" und „rot" jeweils 25 % beträgt. Dabei sollen benachbarte Felder nicht die gleiche Farbe erhalten.

3 (b) Ein Glücksrad besteht aus Segmenten in den Farben blau, rot, grün und gelb. Zeichne das Glücksrad so, dass die Wahrscheinlichkeit für „blau" $\frac{1}{6}$, für „rot" $\frac{3}{8}$ und für „grün" $\frac{1}{3}$ betragen soll. Bestimme die Wahrscheinlichkeit dafür, dass „gelb" gedreht wird.

4 In einem nicht einsehbaren Behälter befinden sich 100 Kugeln. Leni zieht zehn Kugeln, sieben rote und drei blaue. Nimm Stellung zu den folgenden Aussagen:
a) Es sind noch 90 Kugeln im Behälter.
b) Ursprünglich waren 70 rote und 30 blaue Kugeln im Behälter.
c) Es können sich keine gelben Kugeln im Behälter befinden.
d) Die meisten Kugeln im Behälter sind rot.

HINWEIS
Brauchst du noch Hilfe, so findest du auf den angegebenen Seiten ein Beispiel oder eine Anregung zum Lösen der Aufgaben. Überprüfe deine Ergebnisse mit den Lösungen auf Seite 37.

Aufgabe	Seite
1–6	8

5 (a) Ein Imbiss verkauft Würstchen, Schnitzel und Frikadellen. Als Beilage können die Kunden Kartoffelsalat oder Pommes wählen. Zwischen wie vielen Kombinationen können die Kunden sich entscheiden?

5 (b) Der Lehrer sucht unter 30 Schülerinnen und Schülern nach dem Zufallsprinzip zwei aus, die eine Wandkarte holen sollen. Wie viele unterschiedliche Kombinationsmöglichkeiten gibt es?

6 In einer Lostrommel befinden sich 80 % Nieten, 15 % Kleingewinne und 5 % Hauptgewinne. Emma kauft zwei Lose.
a) Zeichne ein Baumdiagramm.
b) Wie groß ist die Wahrscheinlichkeit, dass Emma zwei Nieten gezogen hat?
c) Wie groß ist die Wahrscheinlichkeit, dass Emma mindestens einen Hauptpreis gewonnen hat?

Gold: 29–27 Punkte, Silber: 26–23 Punkte, Bronze: 22–19 Punkte

Zusammenfassung

Kreiskegel erkennen und zeichnen

Ein **Kreiskegel** ist ein Körper, der durch einen Kreis und einen Punkt außerhalb der Ebene des Kreises festgelegt wird. Verläuft die Höhe des Kreiskegels von der Spitze zum Kreismittelpunkt, so heißt er gerader Kreiskegel. Andernfalls spricht man von einem schiefen Kreiskegel.

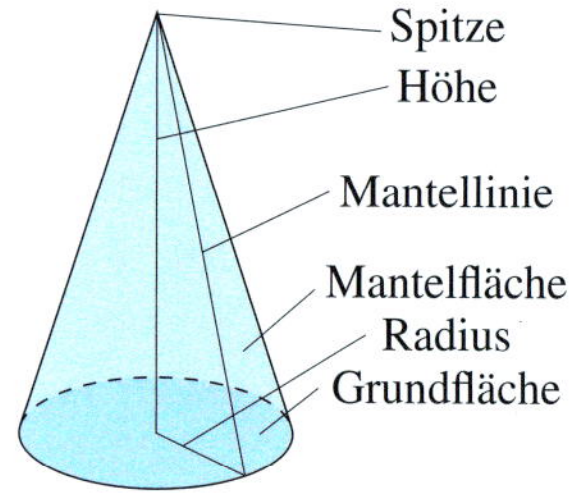

Gerader Kegel

Beachte: nicht sichtbare Linien werden gestrichelt eingezeichnet.

1. Zeichne die Grundfläche des Kegels mit einem Verzerrungswinkel von $\alpha = 90°$.
2. Bestimme den Mittelpunkt der Grundfläche.
3. Zeichne – beim Mittelpunkt der Grundfläche beginnend – die Höhe ein.
4. Verbinde die Spitze mit den äußeren Punkten der Grundfläche.

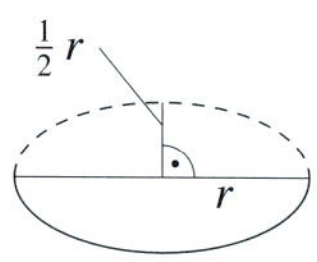

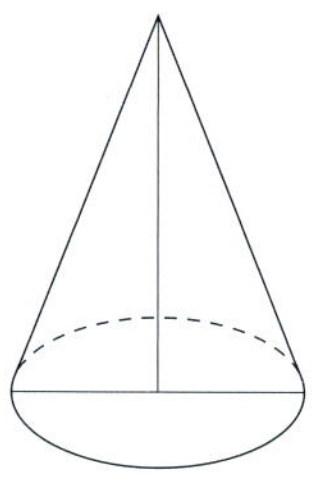

Oberflächenberechnung bei Kreiskegel und Kugel

Für den **Mantelflächeninhalt A_M eines Kegels** mit dem Radius r und der Mantellinie s gilt:
$A_M = \pi \cdot r \cdot s$.
Nimmt man die Grundfläche A_G zur Mantelfläche A_M hinzu, ergibt sich der **Oberflächeninhalt A_O** des Kegels. Es gilt:
$A_O = \pi \cdot r \cdot (r + s)$.
Für den **Oberflächeninhalt A_O der Kugel** mit dem Radius r gilt: $A_O = 4\pi \cdot r^2$.

Berechne den Oberflächeninhalt eines Kegels mit $r = 3\,\text{cm}$ und $s = 4\,\text{cm}$.
$A_M = \pi \cdot 3\,\text{cm} \cdot 4\,\text{cm} \approx 37{,}7\,\text{cm}^2$
$A_O = \pi \cdot 3 \cdot (3 + 4) \approx 66\,\text{cm}^2$

Berechne den Oberflächeninhalt einer Kugel mit $r = 8\,\text{cm}$.
$A_O = 4\pi \cdot (8\,\text{cm})^2 \approx 804{,}2\,\text{cm}^2$.

Volumenberechnung bei Kreiskegel und Kugel

Das **Volumen V eines Kegels** wird bestimmt, indem der Flächeninhalt der Grundfläche A_G mit der Höhe h des Kegels und dem Faktor $\frac{1}{3}$ multipliziert wird:
$V = \frac{1}{3} \cdot A_G \cdot h = \frac{1}{3} \cdot \pi \cdot r^2 \cdot h$.

Für das **Volumen V einer Kugel** mit Radius r gilt:
$V = \frac{4}{3} \cdot \pi \cdot r^3$.

Berechne das Volumen eines Kegels mit $h = 7\,\text{cm}$ und $r = 4\,\text{cm}$.
$V_{\text{Kegel}} = \frac{1}{3} \cdot \pi \cdot (4\,\text{cm})^2 \cdot 7\,\text{cm} \approx 117{,}29\,\text{cm}^3$

Berechne das Volumen einer Kugel mit $r = 5\,\text{cm}$.
$V_{\text{Kugel}} = \frac{4}{3} \cdot \pi \cdot (5\,\text{cm})^3 \approx 523{,}6\,\text{cm}^3$

Teste dich!

a

1 Zeichne das Schrägbild eines Kegels mit der Höhe $h = 4\,\text{cm}$ und dem Radius $r = 3\,\text{cm}$.

2 Berechne den Oberflächeninhalt und das Volumen des Kegels.

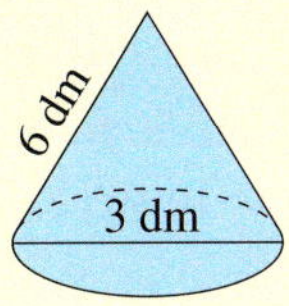

3 Der Radius einer Kugel beträgt 37 mm. Berechne den Oberflächeninhalt und das Volumen der Kugel.

4 Zeichne das Schrägbild eines Zylinders mit $r = 3\,\text{cm}$ und $h = 5\,\text{cm}$. Auf dem Zylinder steht ein auf der Grundfläche stehender Kegel mit gleichem Radius und gleicher Höhe.

5 Einem Zylinder mit einem Radius von 3 cm und einer Höhe von 5 cm wird ein 2 cm hohes kegelförmiges Dach aufgesetzt.

a) Berechne das Volumen des entstandenen Körpers.

b) Berechne die Mantelfläche des Kegels.

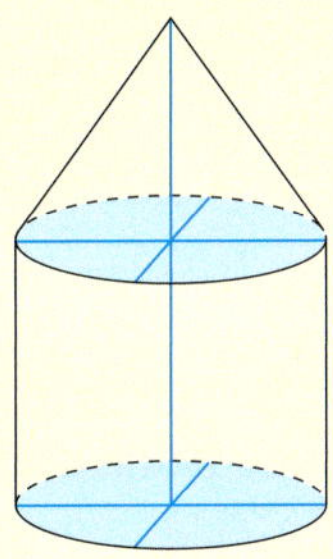

b

1 Zeichne das Schrägbild eines Kegels mit der Mantellinie $s = 5\,\text{cm}$ und dem Durchmesser $d = 4\,\text{cm}$.

2 Berechne den Oberflächeninhalt und das Volumen des Kegels.

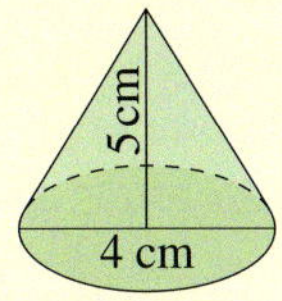

3 Eine Kugel hat ein Volumen von 300 ml. Berechne den Radius und den Oberflächeninhalt der Kugel.

4 Zeichne einen auf der Grundfläche stehenden Kegel mit $r = 3\,\text{cm}$ und $h = 5\,\text{cm}$, auf dessen Spitze ein auf der Spitze stehender Kegel mit $r = 2\,\text{cm}$ und $h = 3\,\text{cm}$ balanciert.

5 Berechne das Volumen und den Oberflächeninhalt des abgebildeten Körpers.

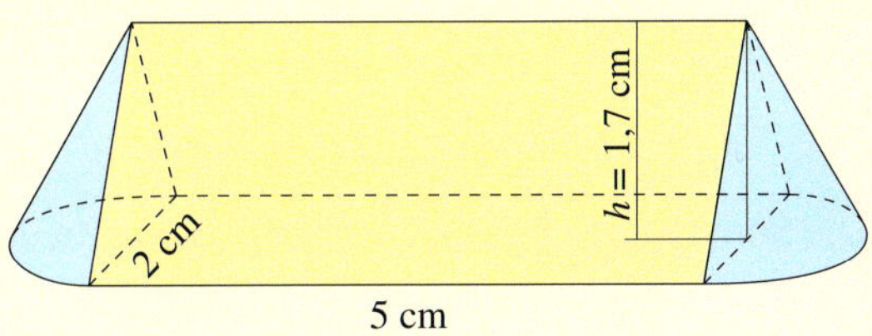

6 Die Dichte von Gold beträgt $19{,}3\,\frac{\text{g}}{\text{cm}^3}$. Ein Juwelier hat eine 1 kg schwere Goldkugel in seiner Hand.

a) Berechne den Radius, wenn die Kugel aus massivem Gold ist.

b) Welchen Radius hätte eine 500 g schwere Goldkugel?

7 Eine Aluminiumkugel $\left(\text{Dichte: } 2{,}7\,\frac{\text{g}}{\text{cm}^3}\right)$ hat einen Durchmesser von 25 cm. Berechne ihr Volumen und ihre Masse.

Gold: 28 – 27 Punkte, Silber: 26 – 23 Punkte, Bronze: 22 – 19 Punkte

<table>
<tr><th colspan="3">Punkteverteilung</th></tr>
<tr><th>Aufgabe</th><th>a</th><th>b</th></tr>
<tr><td>1</td><td>2</td><td>4</td></tr>
<tr><td>2</td><td>3</td><td>3</td></tr>
<tr><td>3</td><td>2</td><td>3</td></tr>
<tr><td>4</td><td>4</td><td>4</td></tr>
<tr><td>5</td><td>4</td><td>6</td></tr>
<tr><td>6</td><td colspan="2">4</td></tr>
<tr><td>7</td><td colspan="2">4</td></tr>
</table>

HINWEIS

Brauchst du noch Hilfe, so findest du auf den angegebenen Seiten ein Beispiel oder eine Anregung zum Lösen der Aufgaben. Überprüfe deine Ergebnisse mit den Lösungen auf Seite 38.

Aufgabe	Seite
1 – 7	10

Methode: Direkte und indirekte Beweise*

Wie in der Kriminalistik spielen Beweise auch in der Mathematik eine entscheidende Rolle. Ein Ziel der Mathematik ist es, **wahre Aussagen** über Zahlen, Variablen, Funktionen, geometrische und andere mathematische Objekte zu formulieren. Solche Aussagen, die immer nur unter bestimmten Voraussetzungen gelten, nennt man **mathematische Sätze**.

BEISPIELE

① In jedem Dreieck beträgt die Innenwinkelsumme 180°.

② Für alle rationalen Zahlen a und b gilt: $(a+b)^2 = a^2 + 2ab + b^2$.

Die allgemeine Gültigkeit von Sätzen muss man beweisen. Man unterscheidet je nach Art der Beweisführung zwischen dem **direkten Beweis** und dem **indirekten Beweis**.

Beweise werden in der Algebra häufig geführt, indem geeignete Terme oder Gleichungen aufgestellt werden und dann durch Termumformungen die Behauptung bewiesen oder widerlegt wird.

Der direkte Beweis

Der direkte Beweis wird durch logische Schlussfolgerungen unter Benutzung bekannter Sachverhalte so geführt, dass die Aussage des Satzes direkt bestätigt wird.
Das Verfahren beim direkten Beweis wird an einem Beispiel vorgestellt.

HINWEIS
Ist ein Satz bewiesen, so kennzeichnet man das mit q. e. d. Dies ist die Abkürzung für die lateinischen Wörter „quod erat demonstrandum", was so viel heißt wie „was zu beweisen war".

Behauptung: Das Quadrat einer ungeraden Zahl ist ungerade.
Beweis: a sei eine ungerade Zahl.

Es gilt: $a = 2n + 1$ | quadrieren

$a^2 = (2n+1)^2$

$a^2 = \underbrace{4n^2 + 4n}_{\text{gerade Zahlen}} + 1$ 1 ist eine ungerade Zahl.

Die Summanden $4n^2$ und $4n$ sind gerade Zahlen, da sie beide durch 2 teilbar sind.
Da die Summe aus zwei geraden und einer ungeraden Zahl ungerade ist, folgt:

a^2 ist eine ungerade Zahl. *q. e. d.*

1 Finde für die folgende Beweisführung die richtige Reihenfolge.

Da $\sqrt{a}$ und $\sqrt{b}$ nicht negativ sind, ist auch das Produkt $\sqrt{a} \cdot \sqrt{b}$ nicht negativ.

$= (\sqrt{a} \cdot \sqrt{b}) \cdot (\sqrt{a} \cdot \sqrt{b})$

$(\sqrt{a} \cdot \sqrt{b})^2$

$= \sqrt{a}^{\,2} \cdot \sqrt{b}^{\,2}$

$= \sqrt{a} \cdot \sqrt{a} \cdot \sqrt{b} \cdot \sqrt{b}$

$= a \cdot b$

Behauptung: Man kann zwei Wurzeln multiplizieren, indem man die Radikanden multipliziert und dann die Wurzel zieht. $\sqrt{a} \cdot \sqrt{b} = \sqrt{a \cdot b}$ bedeutet $\sqrt{a} \cdot \sqrt{b}$ ist die Wurzel aus dem Produkt $a \cdot b$.

2 Beweise, dass das Quadrat einer geraden Zahl gerade ist.

3 Beweise: Das Produkt einer geraden und einer ungeraden Zahl ist gerade.

4 Beweise den Satz:
Eine Zahl z, die durch 6 teilbar ist, ist auch durch 2 teilbar.

5 Beweise: Sind zwei Zahlen a und b durch eine Zahl c teilbar, ist auch ihre Summe durch c teilbar.

* Der Inhalt dieser Lerneinheit ist fakultativ.

Der indirekte Beweis oder Widerspruchsbeweis

Der indirekte Beweis geht von der Annahme aus, die das Gegenteil des zu beweisenden Satzes ist. Durch logische Schlussfolgerungen erzeugt man einen Widerspruch zur Annahme. Dadurch wird der Satz bestätigt.

An einem Beispiel aus der Lebenswirklichkeit wird die Vorgehensweise verdeutlicht:

1 Erkläre die folgenden Schritte des indirekten Beweises.
Behauptung: $\sqrt{2}$ ist irrational.
Annahme: $\sqrt{2}$ ist eine rationale Zahl.

Folgerungen	Erklärungen
1) $\sqrt{2}$ ist rational	
2) $\sqrt{2} = \frac{p}{q}$	quadrieren
3) $2 = \frac{p^2}{q^2}$	$\mid \cdot q^2$
4) $2q^2 = p^2$	
5) p^2 ist gerade	(da Zweifaches von q^2)
6) p ist gerade	
7) $p = 2n$	
8) $p^2 = 4n^2$	
9) $4n^2 = 2q^2$	
10) $2n^2 = q^2$	
11) q^2 ist gerade	
12) q ist gerade	
13) $q = 2m$	
14) $\frac{p}{q}$ ist nicht vollständig gekürzt	

2 Notiere den Beweis für den Satz richtig:
Die Zahl 2 ist die einzige gerade Primzahl.

Damit ist diese Zahl keine Primzahl.
Die Zahl hat also außer 1 und sich selbst noch einen dritten Teiler, nämlich 2.
Das steht im Widerspruch zur Annahme.
Dann muss diese Zahl größer sein als 2.
Der Satz wurde bewiesen.
Es gibt also außer 2 keine weitere gerade Primzahl.
Jede gerade Zahl ist durch 2 teilbar.
Deswegen ist die Annahme falsch.
Annahme: Es gibt außer 2 noch eine gerade Primzahl.
Da diese Zahl außerdem gerade ist, ist sie durch 2 teilbar.

3 Erfinde selbst eine Geschichte zum indirekten Beweis.

4 Zeige, dass $\sqrt{8}$ irrational ist. Warum funktioniert der Beweis für $\sqrt{4}$ nicht?

Methode: Nutzung eines Funktionenplotters

040-1

HINWEIS
Unter dem Webcode gibt es Links zu Online-Funktionenplottern bzw. zum Download von Freeware Funktionenplottern.

Ein Funktionenplotter ist ein Computerprogramm, das Graphen von Funktionen zeichnen kann. Wenn du viele Funktionsgraphen untersuchen musst, ermöglicht der Funktionenplotter einen schnellen Überblick über den Verlauf der Graphen. Im Internet gibt es viele Freeware-Funktionenplotter, die in ähnlicher Weise arbeiten. Inzwischen enthalten auch viele Taschenrechner einen Funktionenplotter, zum Beispiel die grafikfähigen Taschenrechner (GTR) und Taschenrechner mit Computeralgebrasystemen (CAS).

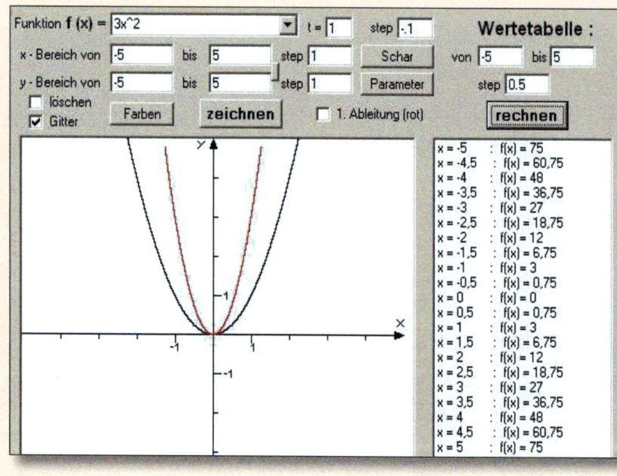

1. Eingabe der Funktionsgleichung

Zunächst wird die Funktionsgleichung in eine Eingabezeile eingetippt.
Häufig wird der Exponent mit Hilfe der Taste ^ eingegeben.

ZUR INFORMATION
Der Definitionsbereich gibt alle Werte an, die für x eingesetzt werden können. Der Wertebereich gibt alle Werte an, die f(x) annehmen kann.

2. Festlegung des Zeichenbereichs

Bei den meisten Funktionenplottern kann man angeben, in welchem Bereich der Graph gezeichnet werden soll (Definitionsbereich und Wertebereich) und wie die Achsen skaliert und beschriftet werden sollen.

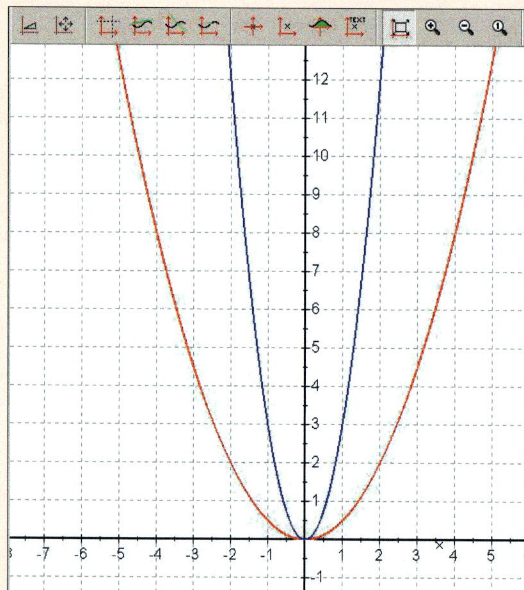

3. Sonstige Ausgabemöglichkeiten

Einige Funktionenplotter zeigen auch die zugehörige Wertetabelle an und berechnen wichtige Punkte des Graphen, wie z. B. die Nullstellen einer Funktion.
Außerdem kann man mehrere Funktionen mit unterschiedlichen Farben in ein Koordinatensystem zeichnen lassen und in die Graphen hineinzoomen.

1 Zeichne mit Hilfe eines Funktionenplotters die Graphen zu den angegebenen Funktionen.

a) $f_1(x) = 20x^2$ **b)** $f_2(x) = -9x^2$
c) $f_3(x) = -\frac{3}{7}x^2$ **d)** $f_4(x) = 8\frac{2}{3}x^2$

2 Zeichne den Graphen der Funktion. Gib die Koordinaten von drei Punkten an, die auf dem Graphen liegen.

a) $f_1(x) = 18x^2$ **b)** $f_2(x) = -0{,}49x^2$
c) $f_3(x) = -12x^2$ **d)** $f_4(x) = -\frac{1}{3}x^2$

3 Zeichne mit einem Funktionenplotter eine möglichst stark gestauchte Funktion. Wie gehst du vor?

4 Finde mit Hilfe des Funktionenplotters eine Funktion, deren Graph durch die angegebenen Punkte verläuft.

a) $P(1|2{,}5)$; $Q(-3|22{,}5)$ und $R(4|40)$
b) $P(-2|-2{,}8)$; $Q(0|0)$ und $R(3|-6{,}3)$
c) $P(-5|45)$; $Q(-1|1{,}8)$ und $R(3|16{,}2)$
d) $P(-10|20)$; $Q(-5|5)$ und $R(-1|0{,}2)$

Methode: Rechnen mit Näherungswerten

In manchen Situationen ist es sinnvoll oder notwendig mit Näherungswerten zu rechnen.

Tina und ihre Freundin gehen einkaufen. Sie haben 10 € zur Verfügung.
Im Einkaufsladen überschlagen sie die Preise der Lebensmittel, die bereits im Einkaufswagen liegen. Sie wollen abschätzen, ob sie sich noch ein Eis kaufen können.
Sie schätzen den Wert ihres Einkaufs auf 8 € und kaufen sich jeder noch ein Eis für je 1 €.

Lebensmittel	Preis in €
3 × Milch	1,65
Butter	0,89
Brot	1,99
Käse	2,59
Gurke	0,79
Summe geschätzt	8,00
Summe	7,91

Näherungswerte sind Zahlenangeben, die sich von den exakten Werten unterscheiden.
Man erhält Näherungswerte z. B. beim Messen, Überschlagen, Runden oder beim Schätzen.
Beim Rechnen mit Näherungswerten entstehen wieder Näherungswerte.

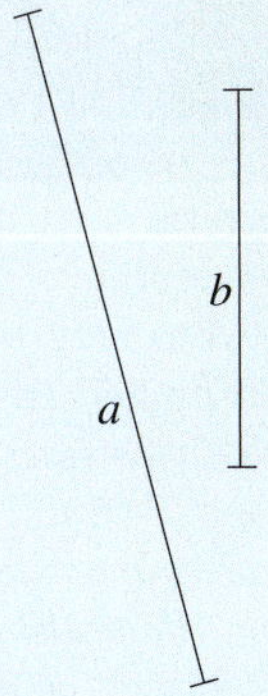

1 Schätze die Länge der in der Randspalte abgebildeten Strecken a und b. Miss dann die genaue Länge nach.

2 Handelt es sich bei den Zahlenangaben im Text um genaue Angaben oder um geschätzte Angaben? Begründe deine Entscheidung.
a) Im Dezember 2008 lag die Einwohnerzahl in Deutschland bei 82 046 000.
b) Bei dem Finalspiel der Fußballeuropameisterschaft 2008 waren 51 428 Zuschauer im Stadion.
c) Im August 2009 lag die Arbeitslosenzahl in Deutschland bei 3 470 000.
d) Gerhard Schröder war vom 27.10.1998 bis zum 22.11.2005 deutscher Bundeskanzler.
e) Im Jahr 2009 gab es in Brandenburg 290 555 Schüler.
f) Der spanische Maler Pablo Picasso lebte vom 25.10.1881 bis zum 8.04.1973. In dieser Zeit schuf er 50 000 Werke.

Addition und Subtraktion von Näherungswerten
Man addiert und subtrahiert Näherungswerte, die unterschiedlich genau angegeben sind, indem man den Näherungswert bestimmt, dessen letzte Ziffer am weitesten links steht. Auf diese Stelle wird das genaue Ergebnis der Berechnung dann gerundet.

$0{,}36 + 0{,}4 + 1{,}135 = 1{,}895 \approx 1{,}9$

3 Berechne. Überlege jeweils auf welche Stelle gerundet werden muss.
a) $2{,}562 + 85{,}9$
b) $13{,}77 - 1{,}37 - 1{,}3$
c) $14{,}22 + 0{,}444 - 1{,}5$
d) $12{,}25 + 4{,}5$
e) $3{,}6 + 9{,}541 - 4{,}2$
f) $3{,}0 + 7{,}26 + 8{,}4$
g) $0{,}35 - 0{,}35$
h) $6{,}45 + 25{,}3 - 2{,}4$
i) $144{,}23 - 9{,}7$

4 Ein annähernd rechteckiges Grundstück wurde durch Abschreiten der Seitenlängen vermessen. Es ist 12,5 m breit und 48,7 m lang.
Das Grundstück soll umzäumt werden.
a) Wie viel Meter Zaun wird dafür benötigt?
b) Welchen Flächeninhalt hat das Grundstück ungefähr?
c) Begründe deine Wahl der Genauigkeit der Ergebnisse.

Methode: Der Satz des Cavalieri

Stapelt man Papierbogen übereinander, so erhält man ein gerades Prisma. Wird dieser Stapel verschoben, ergibt sich ein schiefes Prisma.
Die Rechtecke in beliebiger Höhe sind kongruent zur Grundfläche. Daher haben beide Prismen das gleiche Volumen. Cavalieri hat diese Aussage verallgemeinert.

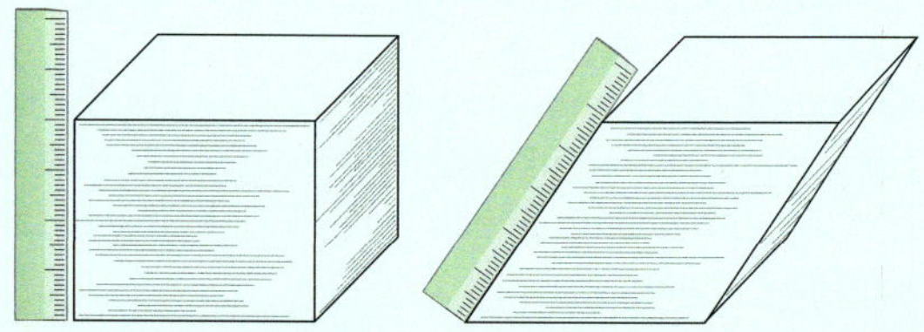

HINWEIS
Bonaventura Cavalieri lebte 1598 bis 1647. Er war italienischer Mönch, Mathematiker und Astronom. Hauptsächlich forschte er auf dem Gebiet der Geometrie. Er war an mehreren Universitäten als Professor für Mathematik angestellt.

Satz des Cavalieri
Haben zwei Körper gleich große Höhen und in gleicher Höhe gleiche Querschnittsflächeninhalte, so haben die beiden Körper das gleiche Volumen.

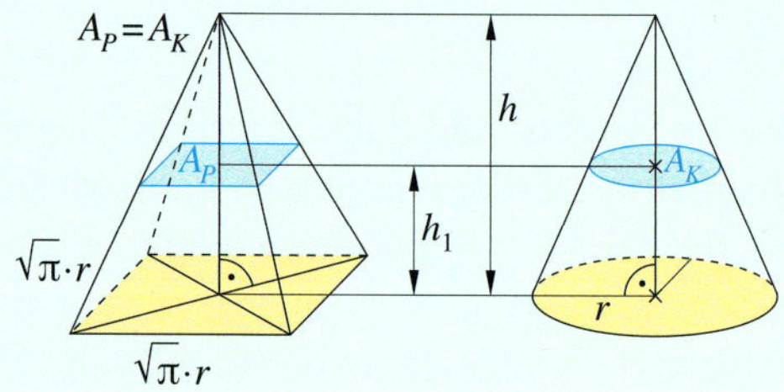

1 Berechne das Volumen der abgebildeten Körper.

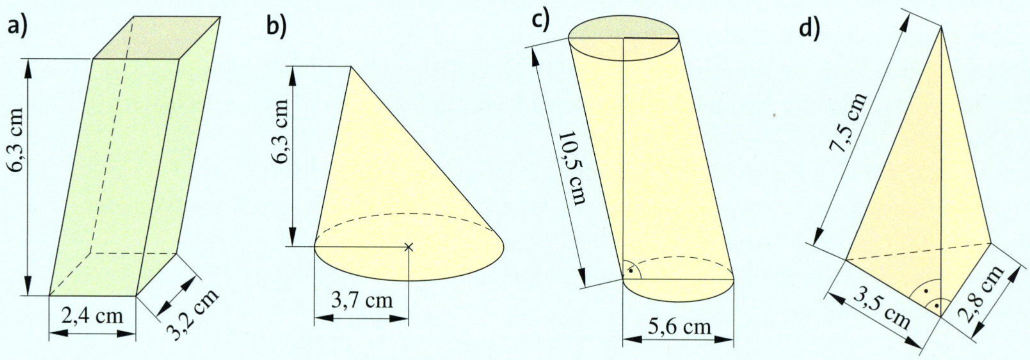

2 Ein schiefes Prisma mit rechteckiger Grundfläche hat ein Volumen von $122{,}5\,dm^3$.
Eine Seite der Grundfläche ist 3,5 dm lang. Das Prisma ist 7 dm hoch.
Welchen Flächeninhalt hat die Schnittfläche, die in 4 dm Höhe parallel zur Grundfläche liegt?

3 Aus einem Würfel mit $a = 6\,cm$ entsteht eine Pyramide. Welches Volumen hat die Pyramide?

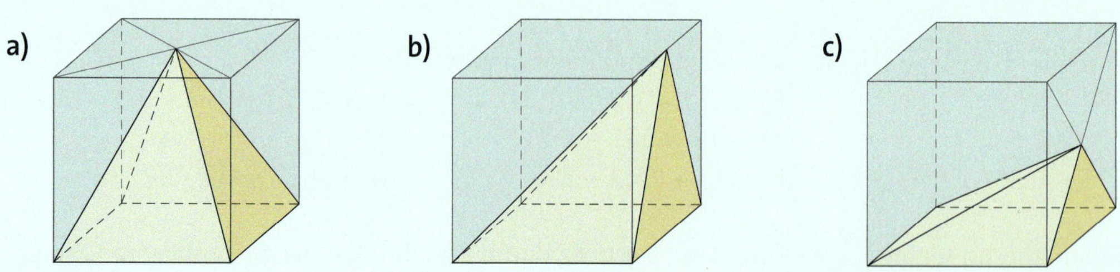

4 Berechne das Volumen eines schiefen Kegels mit

a) $d = 3\,cm,\ h = 9\,cm$
b) $d = 5{,}6\,cm,\ h = 12\,cm$
c) $r = 4{,}3\,cm,\ h = 8\,cm$
d) $r = 5{,}2\,cm,\ h = 15\,cm$

Auf dem Weg in die Berufswelt

Da es meistens mehrere Bewerber auf einen Ausbildungsplatz gibt, setzen viele größere Betriebe, Behörden oder Banken Testverfahren ein. So können sie bereits eine Vorauswahl für nachfolgende persönliche Bewerbungsgespräche treffen.

Diese so genannten **Berufseingangstests** unterscheiden sich in ihrer Qualität, ihrer Form und ihrem Inhalt oft sehr voneinander.

Häufig legt man den Bewerbern schriftliche Prüfungen vor, die zur Überprüfung des Wissens eingesetzt werden, das in der Schule vermittelt wurde. Abgefragt werden vor allem die Mathematik- und Deutschkenntnisse sowie das Allgemeinwissen. Je nach Ausbildungsberuf können aber auch weitere Kenntnisse und Fähigkeiten getestet werden, wie etwa technisches Verständnis oder Konzentrationsfähigkeit.

Der nun folgende Diagnosetest (S. 19), die Übungsaufgaben (S. 21) sowie der abschließende Auswahltest (S. 27) sollen eine Vorstellung von dem geben, was bei Berufseingangstests aus dem Bereich der mathematischen Kenntnisse abgefragt werden kann.
Das Mindmap gibt einen Überblick über mögliche mathematische Themen.

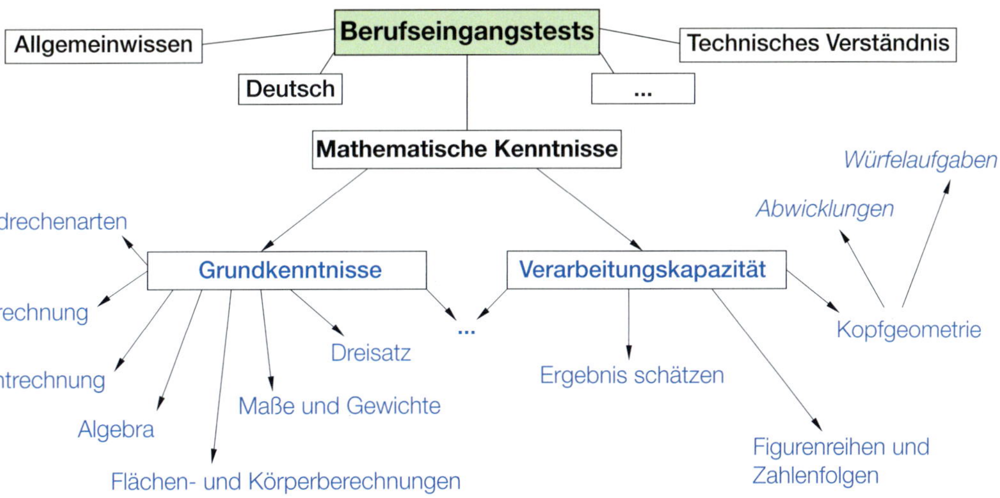

Mit Hilfe der Eingangsdiagnose soll festgestellt werden, wo deine Stärken und deine Schwächen im Bereich der mathematischen Kenntnisse liegen.
Die dann folgenden Aufgaben stellen eine gute Möglichkeit dar, mathematische Inhalte zu wiederholen oder zu vertiefen.
Der abschließende Test soll eine Testsituation nachstellen. Es handelt sich aber keinesfalls um einen „echten Test", da nur ausgewählte mathematische Fähigkeiten abgefragt werden und reale Berufseingangstest wesentlich komplexer sind.

Tipps und Hinweise

158-1
BEACHTE
Über den Webcode gelangt man zu einer Linkliste zu Informationen über Ausbildungsberufe, Bewerbungsschreiben und Ausbildungsplätze.

1. Gezielt bewerben

Bevor du dich auf einen Ausbildungsberuf bewirbst, solltest du versuchen, deine Stärken und Schwächen sowie deine Neigungen möglichst genau einzuschätzen. Nur dann ist es dir möglich, die Berufe herauszufinden, für die du wegen deiner Voraussetzungen besonders geeignet bist. Folgende Fragen solltest du dir stellen:

- Habe ich ein besonderes Talent oder eine besondere Begabung?
- In welchen Bereichen liegen meine Stärken?
- Wofür bin ich überhaupt nicht geeignet bzw. was fällt mir schwer?
- Welche Erfahrungen oder Qualifikationen habe ich bereits gesammelt?
- Stimmen meine Fähigkeiten mit meinen Interessen überein?
- Wie sieht mein Wunsch-Arbeitsplatz aus (Arbeitszeit, Aufstiegschancen, ...)?
- Welches Berufsfeld kommt für mich in Frage?

Bei der Selbsteinschätzung können dir Eltern, Freunde und Verwandte helfen. Auch bei der Berufsberatung findest du unterstützende Hilfe.
Beachte, dass der Arbeitgeber über das Bewerbungsanschreiben den ersten Eindruck von dir erhält. Deswegen muss das Bewerbungsschreiben formal absolut einwandfrei und ohne Rechtschreibfehler sein. Dabei sollten in jedem Fall die geltenden Standards beachtet werden.

2. Vorbereitung

Dem Bewerber werden häufig schulähnliche schriftliche Prüfungen vorgelegt. Darauf kann man sich vorbereiten.
Informiere dich zunächst, welche Kenntnisse für den angestrebten Ausbildungsberuf besonders wichtig sind. Vielleicht ist ein Lehrling oder ein Mitarbeiter bereit, dir Auskunft darüber zu geben, was in den Vorjahren abgefragt wurde und auf welche Kenntnisse besonders großer Wert gelegt wird.
Überprüfe dann selbstkritisch, inwieweit du über diese Kenntnisse verfügst. Schließe deine Wissenslücken durch intensives Üben. Übungsmaterial bietet unter anderem die Agentur für Arbeit an.

158-2
BEACHTE
Unter dem Webcode befindet sich eine Linkliste zu Aufgaben aus Berufseingangstests.

3. Beim Test

Beachte in der Testsituation vor allem Folgendes:

- Lies dir die Aufgabenstellungen sorgfältig durch.
- Löse zunächst die Aufgaben, die du sicher beherrscht.
- Halte dich nicht zu lange mit der Lösung einer Aufgabe auf.
- Bleibe ruhig! Die Zeit zum Lösen der Aufgaben ist häufig sehr knapp kalkuliert.

So wollen die Arbeitgeber sehen, wie die Bewerber in stressigen Situationen reagieren. Die Bedingungen sind aber für alle Bewerber gleich.

4. Literatur

Besorge dir Literatur zu Bewerbungsschreiben und Einstellungstests. Du kannst auch im Internet nachschauen, wie man sich richtig bewirbt und was man unbedingt beachten muss.

Berufseingangstest Mathematik problemlos, Cornelsen Verlag.
Blickpunkt Beruf Einstellungstests, Deutscher Sparkassenverlag.
Lehrstellenreport Nr. 1 Test-Training, Volksbanken und Raiffeisenbanken.
Orientierungshilfe zu Auswahltests, Bundesanstalt für Arbeit.

Eingangsdiagnose

Löse die folgenden Aufgaben ganz in Ruhe in deinem Heft. Löse die Aufgaben ohne Taschenrechner und Formelsammlung.

Grundkenntnisse

I Grundrechenarten

1 Berechne.
a) $308 + 9930$
b) $704 - 187$
c) $409 \cdot 814$
d) $48\,656 : 8$
e) $34 + 66 \cdot 2$
f) $(462 - 228) : 26$
g) $1440 : 32 - 470 \cdot 3$

II Maße und Massen

2 Berechne.
a) 30 mm = ______ cm
b) 0,6 km = ______ m
c) 7 kg 500 g = ______ kg
d) 35 kg = ______ t
e) 2 h 10 min = ______ min
f) $2{,}5\,m^2$ = ______ cm^2
g) $20\,cm^3$ = ______ mm^3

3 Gib die Maßeinheit an.
a) Die Handfläche beträgt ungefähr 1 ______ .
b) Eine Seitenfläche eines normalen Spielwürfels beträgt ungefähr 1 ______ .

III Brüche und Dezimalbrüche

4 Wandle um.
a) Wandel $\frac{7}{25}$ in einen Dezimalbruch um.
b) Wandle 0,25 in einen Bruch um.

5 Berechne.
a) $\frac{2}{3} + \frac{2}{9}$
b) $2{,}35 - 1\frac{2}{5}$
c) $\frac{4}{15} \cdot \frac{5}{8}$
d) $1{,}988 : 0{,}7$
e) $2{,}5 + 3\frac{1}{4} \cdot 5{,}8$
f) $\frac{23}{30} - \frac{3}{5}$

IV Prozentrechnung

6 Wandle um.
a) Wandle 8 % in einen Dezimalbruch um.
b) Schreibe 0,3 als Prozentzahl.
c) Schreibe $\frac{8}{10}$ als Prozentzahl.

7 Berechne.
a) 7 % von 800 €
b) 20 % von 600 kg
c) 7 von 25 Autos
d) 6 % sind 240 Schüler
e) 2000 € werden 8 Monate zu 3 % angelegt.
f) Nach einer Reduzierung um 20 % kostet die CD 12 €.
g) 120 € werden angelegt. Nach einem Jahr sind es 126 €.
Wie hoch war der Zinssatz?

V Dreisatz

8 Ein Heft kostet 0,39 €. Wie viel kosten sechs Hefte?

9 Drei Schokoriegel kosten 2,25 €. Wie viel kosten neun Schokoriegel?

10 Ein Maler benötigt 8 h für eine Arbeit. Wie viel Stunden benötigen zwei Maler?

11 Bei einer Geschwindigkeit von $120\,\frac{km}{h}$ benötigt ein Auto 4 h. Wie lange benötigt ein LKW mit $80\,\frac{km}{h}$?

12 Bei einem Ausflug zahlen 26 Teilnehmer je 14,50 €. Wie viel zahlt jeder Teilnehmer, wenn nur 25 Personen mitfahren?

13 Ein Teich wird mit vier Pumpen in $3\frac{1}{2}$ Stunden leer gepumpt. Wie lange dauert es, wenn fünf Pumpen im Einsatz sind?

159-1

BEACHTE
Die Aufgaben können unter dem Webcode auch als Arbeitsblatt ausgedruckt werden. So können sie anschließend direkt korrigiert werden.

VI Flächen- und Körperberechnungen

14 Der Flächeninhalt eines Rechtecks beträgt $51\,cm^2$. Seite a ist 6 cm lang. Bestimme b.

15 Bestimme den Umfang eines Kreises mit $r = 3\,cm$. ($\pi = 3{,}14$)

16 Bestimme das Volumen eines Quaders mit $a = 5\,m$, $b = 6\,m$ und $c = 9\,m$.

17 Bestimme den Oberflächeninhalt eines Würfels mit der Kantenlänge $a = 10\,cm$.

18 Die Kantenlänge eines Würfels wird verdoppelt. Wie ändert sich sein Volumen?

19 Ein gleichseitiges Dreieck hat einen Umfang von 12 cm. Berechne den Flächeninhalt.

VII Algebra

20 Vereinfache den Term.
$3a + 8b + 7a - 5b$

21 Vereinfache den Term.
$7(2x + 5) - (6 - 3x)$

22 Löse die Gleichung nach x auf.
a) $3x + 5 = 5x - 9$
b) $5x - 13 = 5 - 4x$

23 Jens ist doppelt so alt wie Daniel. Zusammen sind sie 27 Jahre alt. Stelle eine Gleichung auf und löse sie.

24 Die Differenz aus dem Fünffachen einer Zahl und 87 ist 43. Bestimme die Zahl. Stelle eine Gleichung auf und löse sie.

Verarbeitungskapazität

VIII Ergebnisse schätzen

25 Überschlage und schätze die Ergebnisse.
a) 7541 + 5823 + 8751
① 22 089 ② 22 115 ③ 19 115
④ 19 089 ⑤ 25 085
b) $2 \cdot 3 \cdot 4 \cdot 5$
① 12 ② 120 ③ 234
④ 2 345 ⑤ 12 345
c) $38 \cdot 125 + 19 \cdot 125 + 43 \cdot 125$
① 125 ② 1 250 ③ 12 500
④ 38 125 ⑤ 381 943
d) Wie alt bist du ungefähr (in Stunden)?
① 135 h ② 1350 h ③ 13 500 h
④ 135 000 h ⑤ 1 350 000 h

IX Zahlenfolgen und Figurenreihen

26 Ergänze um drei Zahlen oder Figuren.
a) 2, 5, 8, 11, ____, ____, ____
b) 45, 43, 49, 47, 53, ____, ____, ____
c) 2, 5, 7, 12, 19, ____, ____, ____
d) 4, 12, 7, 21, 16, 48, ____, ____, ____
e)
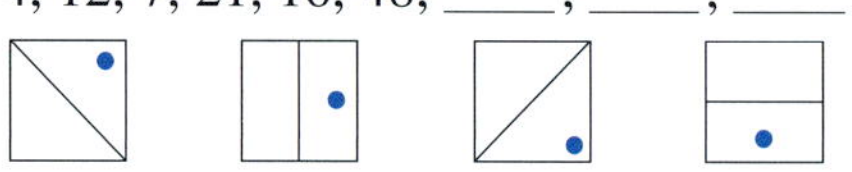

X Kopfgeometrie

27 Welcher der vier Körper links kann aus der Faltvorlage rechts gebildet werden?

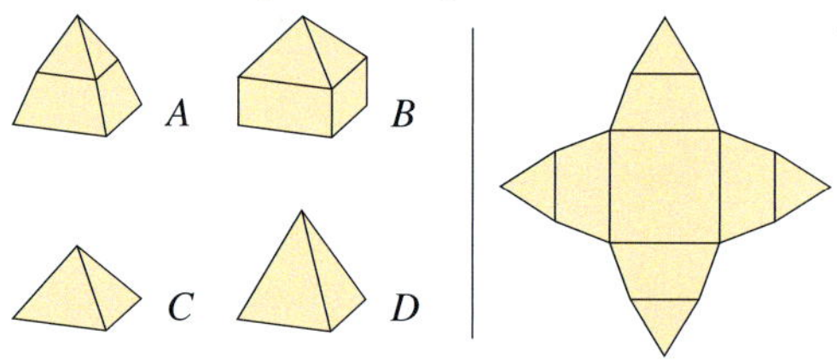

28 Welches der fünf Zeichen passt nicht in die Zeichenfolge?
a)
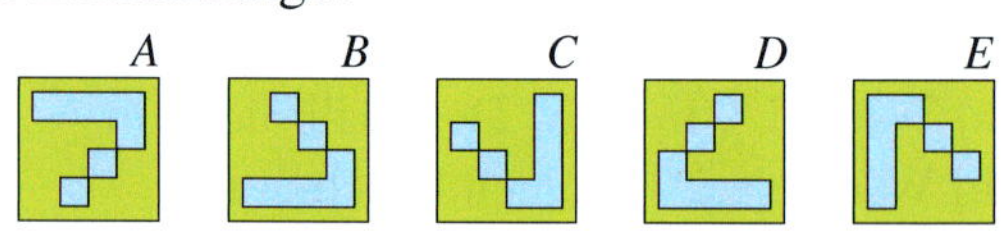

b)
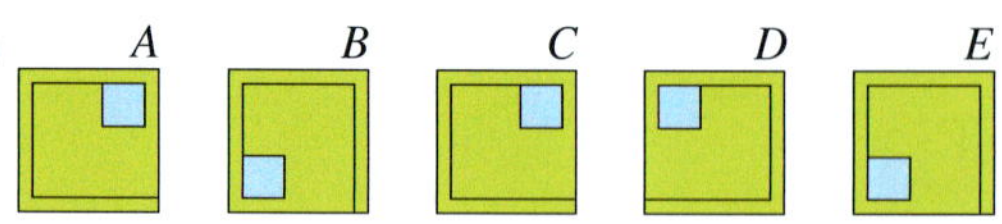

29 Wie viele Flächen hat der Körper insgesamt?
a)
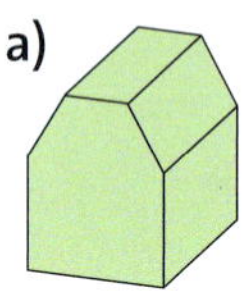
b)
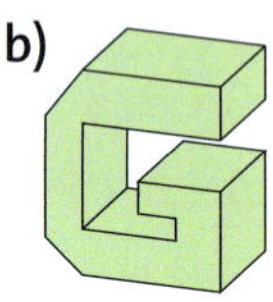

Training

Grundkenntnisse

I Grundrechenarten

1 Berechne.
a) $7546 + 53\,805 + 1929$
b) $18\,024 + 256 + 20\,147 + 2308$
c) $15\,748 - 8952$
d) $205\,801 - 58\,942$
e) $14\,987 - 2547 - 8835$

2 Berechne.
a) $7294 \cdot 917$ b) $40\,802 \cdot 5810$
c) $45\,027 \cdot 2065$ d) $3024 : 4$
e) $14\,399 : 7$ f) $78\,012 : 12$

3 Berechne. Beachte die Rechenregeln.
a) $1\,364 : 31 - 225 \cdot 4$
b) $655 - 14 \cdot (37 + 85) + 216 : (199 - 187)$
c) $(132 + 68) \cdot 17 + 21 \cdot (437 - 77) - 230$

4 Rechne vorteilhaft.
a) $86 + 573 + 207 - 36$ b) $25 \cdot 7 \cdot 4 \cdot 5$
c) $277 : 7 - 137 : 7$ d) $27 \cdot 24 + 27 \cdot 76$

5 Beachte genau die Reihenfolge der Rechenschritte.
a) $147 + 105 \cdot 23 + 64$
b) $(147 + 105) \cdot 23 + 64$
c) $147 + 105 \cdot (23 + 64)$
d) $(147 + 105) \cdot (23 + 64)$
e) $678 - 246 : 6 - 38$
f) $(678 - 246) : (6 - 38)$

II Maße und Massen

6 Rechne in die angegebene Einheit um.
a) 14 dm (cm) b) 14,6 m (dm)
c) 7,8 km (m) d) 54 mm (dm)
e) 8500 g (kg) f) 2,8 t (kg)
g) 4 kg 50 g (g) h) 2 h (min)
i) 12 min (s) j) $2\frac{1}{4}$ h (min)

7 Rechne um.
a) in Minuten: 3600 s, 2520 s
b) in Stunden und Minuten: 24 000 s

8 Schreibe in der angegebenen Einheit.
a) $2\,m^2$ (dm^2) b) $6000\,mm^2$ (cm^2)
c) $0{,}5\,km^2$ (m^2) d) 5 ha (m^2)
e) $3\,m^3$ (dm^3) f) $2\,m^3\,50\,dm^3$ (m^3)
g) $1280\,cm^3$ (l) h) $0{,}3\,m^3$ (l)

III Brüche und Dezimalbrüche

9 Wandle in einen Dezimalbruch um.
a) $\frac{7}{10}$ b) $\frac{47}{100}$ c) $\frac{33}{1000}$
d) $\frac{1}{2}$ e) $\frac{3}{5}$ f) $\frac{12}{2}5$
g) $\frac{17}{20}$ h) $3\frac{7}{50}$ i) $12\frac{3}{8}$

10 Berechne.
a) $0{,}3 + 2{,}4$ b) $3{,}9 + 4{,}71$
c) $5{,}1 - 3{,}8$ d) $2{,}05 - 0{,}5$
e) $8{,}6 \cdot 6{,}3$ f) $0{,}9 \cdot 6$
g) $21{,}44 : 8$ h) $3{,}048 : 6$
i) $1{,}9 : 0{,}5$ j) $3{,}0228 : 0{,}12$
k) $9 : 3{,}6 + 4{,}8$ l) $2{,}6 + 3{,}4 \cdot 0{,}8$
m) $53{,}2 - 9 - 8{,}07$ n) $1{,}44 : (0{,}9 + 0{,}3) : 0{,}6$

11 Berechne und kürze das Ergebnis, falls möglich.
a) $\frac{2}{7} + \frac{4}{7}$ b) $\frac{1}{9} + \frac{5}{9}$ c) $\frac{13}{24} + \frac{5}{24}$
d) $\frac{2}{5} + \frac{2}{10}$ e) $\frac{3}{4} + \frac{1}{5}$ f) $\frac{5}{9} + \frac{1}{12}$
g) $\frac{2}{9} + \frac{9}{10}$ h) $1\frac{1}{2} + 3\frac{5}{8}$ i) $\frac{7}{9} - \frac{5}{8}$
j) $\frac{5}{12} - \frac{1}{4}$ k) $\frac{4}{9} - \frac{5}{18}$ l) $\frac{7}{15} - \frac{1}{6}$
m) $5\frac{7}{8} - 3\frac{1}{6}$ n) $7\frac{1}{2} - 3\frac{5}{6}$ o) $6\frac{4}{5} + 3$

12 Berechne. Kürze, falls möglich.
a) $\frac{2}{7} \cdot \frac{3}{5}$ b) $\frac{3}{8} \cdot \frac{4}{5}$ c) $\frac{5}{6} \cdot \frac{9}{10}$
d) $1\frac{1}{4} \cdot 6$ e) $2\frac{1}{2} \cdot 3\frac{1}{4}$ f) $3\frac{3}{4} \cdot 4\frac{3}{5}$

13 Berechne. Kürze, falls möglich.
a) $\frac{1}{3} : \frac{1}{6}$ b) $\frac{3}{8} \cdot \frac{4}{5}$ c) $\frac{5}{6} \cdot \frac{9}{10}$
d) $1\frac{2}{5} : \frac{3}{19}$ e) $1\frac{4}{5} : 2\frac{1}{2}$ f) $\frac{15}{16} : 27$

14 Berechne.
a) $\frac{3}{4} - \frac{1}{5} \cdot \frac{3}{4}$ b) $\frac{3}{4} \cdot \frac{2}{3} + \frac{1}{4} \cdot \frac{2}{3}$
c) $\left(\frac{2}{3} + \frac{5}{6}\right) : \frac{5}{12}$ d) $7 : \left(\frac{7}{5} - \frac{21}{28}\right)$

IV Prozentrechnung

15 Berechne den Prozentwert.
a) 8 % von 200 kg
b) 25 % von 120 m
c) 20 % von 15 000 Stimmen
d) 15 % von 1200 Schülern
e) 4,75 % von 5 000 €
f) 138 % von 2540 l

16 Bestimme den Prozentsatz.
a) 38 Aufgaben von 50 Aufgaben
b) 8 m von 25 m
c) 138 Punkte von 200 Punkten
d) 45 kg von 375 kg
e) 12 Minuten von einer Stunde
f) 9 von 24 Schülern

17 Berechne den Grundwert.
a) 25 % sind 8 kg
b) 16 % sind 32 m
c) 8 % sind 14 Punkte
d) 23 % sind 184 Schüler
e) 37,5 % sind 937,5 €
f) 12,1 % sind 2 h 1 min

18 Bei einer Produktion sind 3 % Ausschuss angefallen. Wie viele von 6400 Artikeln sind nicht zu gebrauchen?

19 Ute will sich ein Fahrrad für 300 € kaufen. Es fehlen ihr noch 240 € an der Gesamtsumme.
Wie viel Prozent sind das?

20 Eine Versicherung zahlt Herrn Moll bei einem Unfallschaden von insgesamt 1800 € nur 85 %.
a) Wie viel Euro zahlt die Versicherung an Herrn Moll?
b) Wie viel Euro muss Herr Moll noch selbst bezahlen?

21 Der Preis für einen Tisch wurde von 255 € auf 224,40 € reduziert.
a) Auf wie viel Prozent ist der Preis des Tisches gesenkt worden?
b) Um wie viel Prozent ist der Preis gefallen?

22 Ein Sportler hat seinen Wettkampf mit 5123 Punkten beendet. Das sind 94 % der Höchstpunktzahl. Wie viele Punkte waren zu erreichen?

23 Eine Reparatur kostet 470 €. Auf diese Kosten werden 19 % Mehrwertsteuer erhoben.
a) Wie viel Euro entspricht die Mehrwertsteuer?
b) Wie viel Euro kostet die Reparatur einschließlich Mehrwertsteuer (Endpreis)?

24 Nach einer 7%igen Mieterhöhung müssen 660,19 € Miete gezahlt werden.
Wie viel Miete musste vor der Erhöhung bezahlt werden?

25 Frau Klein bekommt beim Kauf eines Mantels 6 % Rabatt. Sie zahlt jetzt für den Mantel noch 219,02 €.
Gib den alten Preis des Mantels an.

26 Franz erhält für sein Sparguthaben, das mit 3,5 % verzinst wurde, 7 € Zinsen.
Wie hoch war das Sparguthaben?

27 Wie viel Zinsen bringt ein Kapital von 4000 € bei einem Zinssatz von 4,5 % in 9 Monaten?

V Dreisatz

28 Welche der folgenden Zuordnungen können proportional oder umgekehrt proportional sein?
Begründe und gib gegebenenfalls notwendige Bedingungen an.
a) Alter → Körpergröße
b) Schriftgröße → Zeilen pro Seite
c) Anzahl der Eiskugeln → Preis
d) Anzahl der LKW → Zeit, um 50 m^3 Sand zu liefern
e) Anzahl der 1-Euro-Stücke → Masse
f) Anzahl der Colaflaschen → Zuckergehalt
g) Anzahl der Rasenmäher → Zeit, um einen Rasenplatz zu mähen
h) Seitenlänge eines Quadrats → Umfang
i) Geschwindigkeit → Dauer einer Fahrt

29 Gib Beispiele aus dem Alltag an.

a) Je größer ____, desto größer ____

b) Je größer ____, desto kleiner ____

c) Verdoppelt sich ____, so verdoppelt sich auch ____

d) Wenn sich ____ halbiert, so verdoppelt sich ____

30 Welche der folgenden Zuordnungen sind proportional oder antiproportional?

a)

x	0	1	2	3	4
y	0	4	8	12	16

b)

x	0	1	2	3	4
y	2	3	4	5	6

c)

x	1	2	3	4	5
y	2	5	8	11	14

d)

x	1	2	3	4	6
y	24	12	8	6	4

e)

x	2	4	5	12	15
y	1	2	$2\frac{1}{2}$	6	$7\frac{1}{2}$

31 Sind die Aussagen richtig oder falsch?

a) Proportionale Zuordnungen sind produktgleich.

b) Umgekehrt proportionale Zuordnungen sind quotientengleich.

c) Bei proportionalen Zuordnungen gehört zum Doppelten der Ausgangsgröße das Doppelte der zugeordneten Größe.

d) Der Graph einer proportionalen Zuordnung ist eine Halbgerade durch den Ursprung.

32 Ergänze die Tabellen so, dass eine proportionale Zuordnung vorliegt.

a)

x	1	2	3	4	5
y	6				

b)

x	1	2	3	4	5
y		1,5			

c)

x	$\frac{1}{2}$	1	$1\frac{1}{2}$	2	$2\frac{1}{2}$
y		8			

33 Ergänze die Tabelle im Heft, sodass eine umgekehrt proportionale Zuordnung vorliegt.

a)

x	1	2	3	4	5
y	180				

b)

x	1	2	3	4	5
y		30			

c)

x	1	2	4	5	8
y				16	

34 50 g Fleisch kosten 8,33 €. Gib den Preis für 1 kg Fleisch an.

35 Ein PKW verbraucht auf einer Strecke von 45 km 3,6 l Benzin. Wie hoch ist der Benzinverbrauch auf 100 km?

36 Ein Vater benötigt bei einer Schrittweite von 75 cm für einen Weg 620 Schritte. Wie groß ist die Schrittweite seiner Tochter, die für die gleiche Strecke 930 Schritte benötigt?

37 Ein Mieter muss für 20 m^3 Wasser einschließlich Nebenkosten 46 € bezahlen.
Wie viel zahlt ein anderer Hausbewohner für 25 m^3 Wasser?

38 Bei einer Durchschnittsgeschwindigkeit von 120 $\frac{km}{h}$ benötigt Herr Meyer für die Strecke Nürnberg – Lübeck $5\frac{1}{2}$ Stunden. Wie lange benötigt ein LKW mit einer Durchschnittsgeschwindigkeit von 80 $\frac{km}{h}$ für die gleiche Strecke?

39 Herr Bleistein hat 15 m^2 Wandfläche in seinem Bad gekachelt und dafür insgesamt 675 Kacheln benötigt. In der Küche möchte er auf einer insgesamt 4 m^2 großen Wandfläche die gleiche Kachelsorte verwenden.

40 150 Taschenrechner kosten 1 723,50 €. Die Klasse 9c hat 28 Taschenrechner bestellt. Wie viel muss Klasse 9c bezahlen?

41 Der Futtervorrat einer Hundepension reicht 21 Tage für 15 Hunde. Wie lange reicht er für 18 Hunde?

VI Flächen- und Körperberechnungen

42 Ein Rechteck ist 90 m lang und 55 m breit. Berechne den Flächeninhalt und gib den Umfang an.

43 Der Umfang eines Rechtecks beträgt 28 cm und die Breite 6 cm. Bestimme die Länge und den Flächeninhalt des Rechtecks.

44 Eine quadratische Fläche hat eine Größe von 4 ha.
a) Wie viel m^2 sind das?
b) Gib die Seitenlänge in m an.

45 Eine rechteckige Fläche, die 3,5 m lang und 2,8 m breit ist, soll mit quadratischen Fliesen ausgelegt werden.
a) Wie viel cm^2 hat die Rechteckfläche?
b) Wie viele Fliesen braucht man, wenn jede Fliese 49 cm^2 groß ist?

46 Ein Kreis hat einen Radius von 3 cm. Berechne den Umfang und die Fläche des Kreises.

47 Ein 5 m langes und 3 m breites quaderförmiges Schwimmbecken enthält 30 000 l Wasser.
a) Rechne die Wassermenge in m^3 um.
b) Wie hoch steht das Wasser im Becken?

48 Ein zylinderförmiges Glas hat einen Durchmesser von 6 cm und ist 7 cm hoch.
a) Berechne das Volumen des Glases.
b) Wie lang muss ein Strohhalm mindestens sein, damit er aus dem Glas herausragt und man gut aus ihm trinken kann?

49 Bestimme, welcher Körper das größere Volumen hat.
a) Quader mit $a = 3$ cm, $b = 4$ cm und $c = 5$ cm oder Würfel mit $a = 4$ cm
b) Zylinder mit $d = h = 10$ cm oder Würfel mit $a = 10$ cm
c) Pyramide mit quadratischer Grundfläche und $a = h = 5$ cm oder Kegel mit $d = h = 6$ cm

VII Algebra

50 Vereinfache.
a) $7x + 12 - 5x + 23$
b) $4a - 5b + 12a - 9b - 10a$
c) $7(3x - 12)$
d) $(3a + 10)(3a - 7)$
e) $2(3x + 5) + 3(7 - 8x)$
f) $8x - (3x + 9) + 4(5x - 13)$
g) $(3x + 4)(4x - 8)$

51 Löse die folgenden Gleichungen.
a) $x + 12 = 3x + 8$
b) $7t - 9 = 4t + 15$
c) $y - 11 - 10y = 29 - 7y$
d) $\frac{1}{4}v + 7 = \frac{1}{3}v + 6$
e) $2s + 5 - (s + 3) = 11$
f) $3(4 - 3x) + 112 = -5(x - 8)$

52 Die Summe aus dem Siebenfachen einer Zahl und 5 und ist −37. Wie heißt die Zahl?

53 Die Summe von drei Zahlen ist 357. Die erste Zahl ist doppelt so groß wie die zweite Zahl. Die dritte Zahl ist halb so groß wie die zweite Zahl. Wie lauten die drei Zahlen?

54 Addiere zu einer Zahl 5, multipliziere die Summe mit 2 und subtrahiere von diesem Produkt 16, so erhältst du ebenso viel, als wenn du von der Zahl 12 subtrahierst und die Differenz verfünffachst. Wie lautet die Zahl?

55 Robert ist 13 Jahr älter als Enno. Zusammen sind sie 35 Jahre alt. Wie alt sind beide?

56 Mutter, Vater und Sohn sind zusammen 86 Jahre alt. Die Mutter ist 3-mal so alt wie ihr Sohn. Der Sohn ist 26 Jahre jünger als der Vater.
a) Wie alt ist der Sohn?
b) Wie alt sind der Vater und die Mutter?

57 Ein 2 m langes Brett soll in die gleiche Anzahl von Brettchen mit je 1 cm, 2 cm und 5 cm Länge zersägt werden.
a) Wie viele Brettchen gibt es von jeder Sorte?
b) Gib die Gesamtzahl der Brettchen an.

58 Eine 40 m² große Terrasse wird mit quadratischen Platten mit 20 cm Länge ausgelegt. Wie viele Platten sind nötig?

59 Drei Personen teilen sich 3360 € im Verhältnis 3 : 4 : 5. Die Gesamtsumme wird zunächst in 12 Teile geteilt. Person A erhält 3 Anteile, Person B 4 Anteile und Person C 5 Anteile.
a) Wie viel Euro beträgt ein Anteil?
b) Wie viel Euro erhält Person C?

60 In einem Dreieck ist der Winkel β um 60° größer als der Winkel α. Der Winkel γ ist 4-mal so groß wie der Winkel α.
a) Wie groß ist der Winkel α?
b) Wie groß ist der Winkel β bzw. γ?

61 Löse die folgenden Gleichungssysteme.
a) $y = 7x - 21$; $y = 4x - 12$
b) $x + y = 19$; $y = x + 1$
c) $2x + 2y = 8$; $-2x + 3y = 12$
d) $2x + y = -1$; $8x + 4y = 7$

Verarbeitungskapazität

VIII Ergebnisse schätzen

62 Finde das Ergebnis durch Schätzen oder durch einfache rechnerische Überlegungen.
a) 794 + 559
① 1293 ② 1243
③ 1343 ④ 1353
b) 18 035 – 8233
① 9802 ② 9808
③ 10 802 ④ 10 808
c) 98 · 3587
① 3526 ② 35 126
③ 351 526 ④ 3 515 126
d) 3796 : 4
① 949 ② 949,5
③ 824 ④ 824,5

63 Finde das Ergebnis durch Schätzen.
a) 3596 + 3654 + 3584
① 9834 ② 9837
③ 10 834 ④ 10 837
b) 245 · 23 + 245 · 77
① 24 500 ② 24 523
③ 245 100 ④ 2 452 377
c) $\sqrt{39\,204}$
① 98 ② 198
③ 1098 ④ 10 098
d) 9 · 10 · 11 · 12 · 13
① 1540 ② 15 440
③ 154 440 ④ 1 544 440
e) $\frac{120}{4} \cdot \frac{330}{3}$
① $\frac{3960}{12}$ ② $\frac{3300}{3}$ ③ 3300 ④ $\frac{13\,200}{4}$

64 Schätze die Ergebnisse der folgenden Aufgaben unter Verwendung runder Zahlen.
a) 345 · 28
b) 52 100 · 0,04
c) 0,045 · 0,24
d) 1144 : 52
e) 489,3 : 0,028
f) 0,28 : 0,039

65 Schätze die Ergebnisse unter Verwendung runder Zahlen.
a) Ein Flug über 4900 km dauerte 6,5 h. Wie viel km wurden pro Stunde ungefähr zurückgelegt?
b) Die Miete für ein Restaurant beträgt 20,50 € pro m². Schätze die ungefähre Höhe der Miete bei 110 m².
c) 30 Flaschen einer bestimmten Weinsorte kosten 177 €. Wie viel Flaschen der gleichen Weinsorte erhält man ungefähr für 500 Euro?

IX Zahlenfolgen und Figurenreihen

66 Ergänze die fehlende Zahl in der Folge.
a) 12, 17, 22, 27, ____
b) 12, 13, 15, 18, 22, ____
c) 16, 12, 17, 13, 18, ____
d) 19, 17, 20, 16, 21, 15, ____
e) 3, 8, 15, 24, 35, ____
f) 5, 3, 6, 3, 9, 5, ____
g) 1, 4, 9, 16, ____
h) 5, 6, 11, 17, 28, ____

67 Eines der fünf Zeichen passt nicht in die Zeichenfolge. Gib den Buchstaben an.

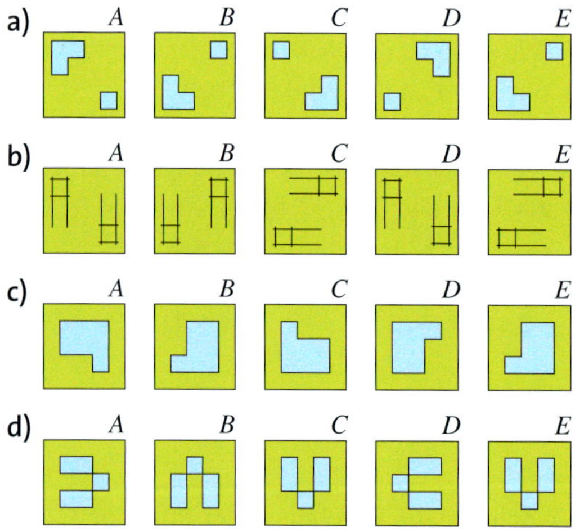

68 Ergänze passend zu der jeweiligen Reihe die fünfte Figur.

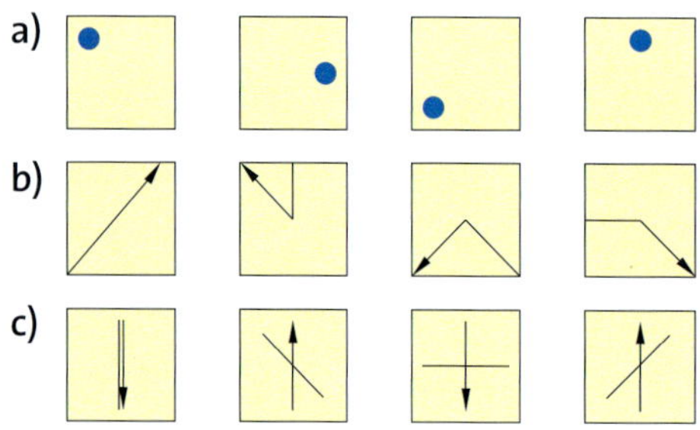

X Kopfgeometrie

69 Welcher der vier Körper kann aus der Faltvorlage rechts gebildet werden?

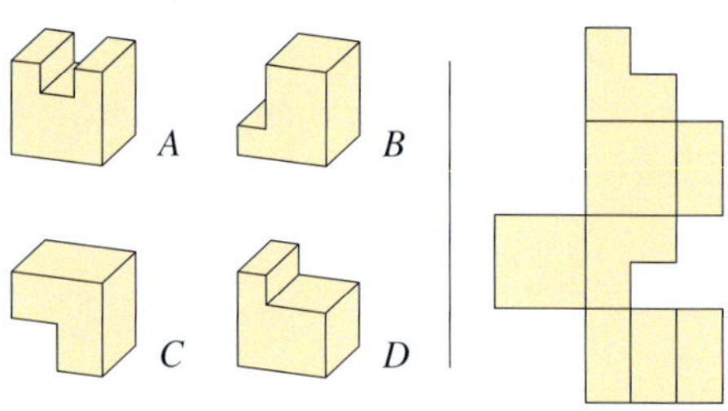

70 Wie viele Flächen hat der gezeichnete Körper? Zähle auch die nicht sichtbaren Flächen mit.

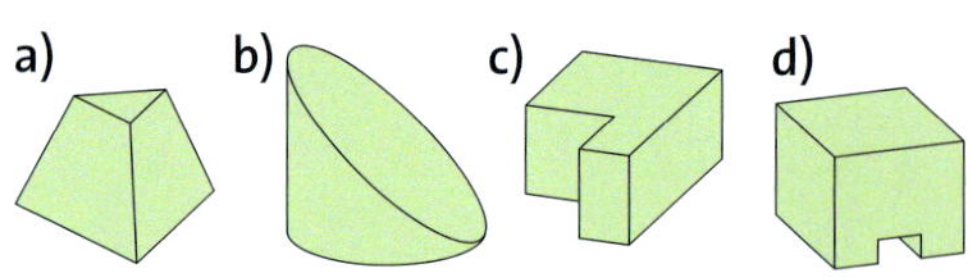

71 In der Zeichnung befindet sich links die perspektivische Darstellung eines Körpers und rechts daneben das zugehörige Netz. Ordne jeder mit einer Zahl gekennzeichneten Kante (Schwarz) oder Fläche (Rot) des Körpers den entsprechenden Buchstaben im Netz zu.

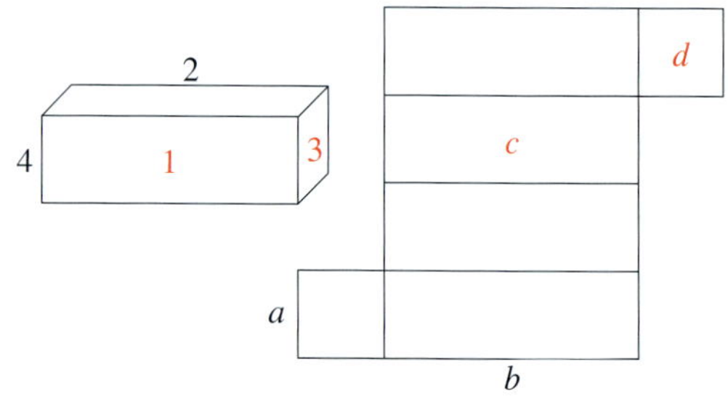

72 Alle Würfel haben die gleichen 6 verschiedenen Zeichnungen auf ihren Würfelseiten. Diese sind in unterschiedlicher Lage auf jedem der vier Würfel zu finden.

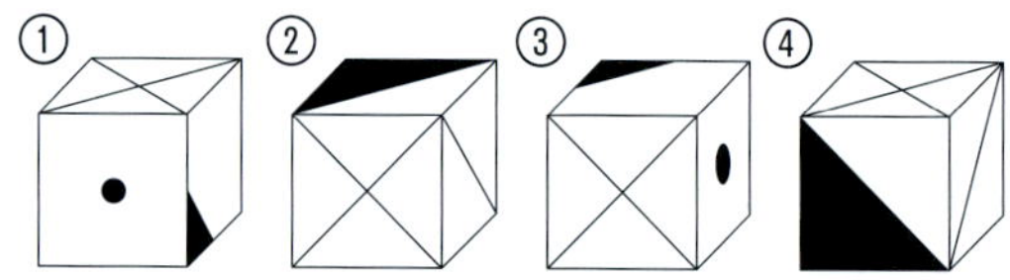

Die folgenden Würfel entsprechen jeweils einem Würfel oben in veränderter Lage. Ordne zu.

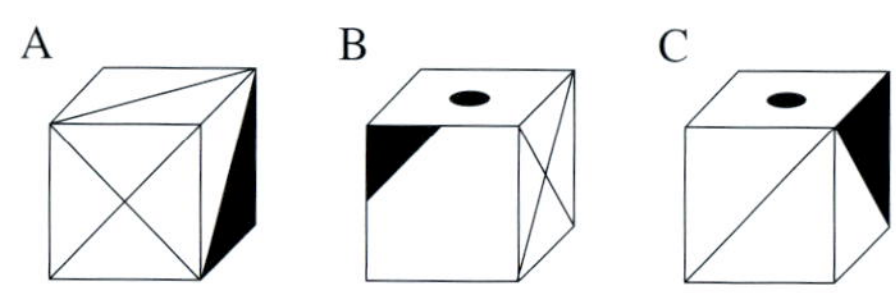

73 Von welcher Seite aus wird die Figur jeweils betrachtet? Gib den Buchstaben an.

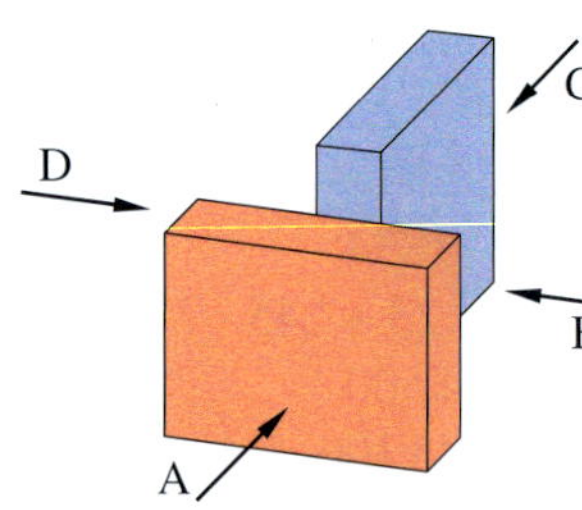

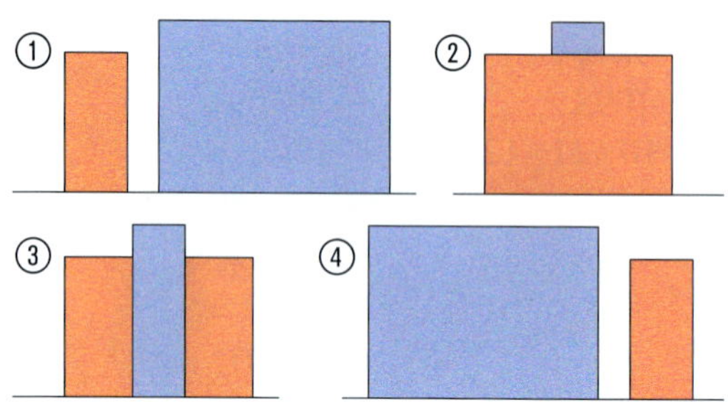

Test

1 Berechne.
a) 358 401 + 58 942
b) 59 602 – 5897
c) 1582 + 5407 + 418 + 93
d) 2305 · 6187
e) 210 126 : 6
f) 65 042 : 17
g) 13 + 7 · 3
h) 139 – (39 + 25)

2 Die 306 Schülerinnen und Schüler sowie 8 Lehrer einer Gesamtschule wollen ein Theaterstück besuchen.
In einem Bus können 52 Personen transportiert werden. Wie viele Busse müssen bestellt werden?

3 Rechne in die angegebene Einheit um.
a) 12 cm (mm)
b) 800 cm (dm)
c) 3,5 km (m)
d) 150 m (km)
e) 6000 kg (t)
f) 450 g (kg)
g) 7 t 50 kg (kg)
h) 3 kg 50 g (kg)
i) 7 € 4 ct (€)
j) 2 € (ct)
k) 7 min (s)
l) 540 min (h)
m) 1 h (s)
n) 0,6 h (min)

4 Berechne und kürze das Ergebnis, falls dies möglich ist.
a) $\frac{5}{11} + \frac{3}{11}$
b) $\frac{5}{9} - \frac{2}{9}$
c) $\frac{5}{12} + \frac{1}{6}$
d) $8\frac{1}{2} - 5\frac{1}{6}$
e) $\frac{5}{6} + \frac{3}{8}$
f) $3\frac{3}{4} - 1\frac{7}{8}$
g) $\frac{3}{5} \cdot \frac{2}{7}$
h) $\frac{3}{4} \cdot 6$
i) $\frac{9}{14} \cdot \frac{7}{36}$
j) $1\frac{2}{3} \cdot 1\frac{4}{5}$
k) $\frac{6}{11} : 3$
l) $12 : \frac{3}{4}$
m) $\frac{1}{4} : \frac{3}{8}$
n) $2\frac{5}{11} : 1\frac{4}{5}$

5 Berechne.
a) 18,36 + 16,4
b) 3,572 + 0,28
c) 2 – 0,24
d) 7,654 – 4,567
e) 4,25 · 0,87
f) 8,99 · 12
g) 16,92 : 3
h) 1,221 : 0,6

6 Ergänze die fehlenden Zahlen in den Zahlenfolgen.
a) 57, 61, 65, 69, ____, ____, ____
b) 76, 73, 70, 67, ____, ____, ____
c) 10, 7, 14, 11, 22, ____, ____, ____
d) 13, 15, 19, 25, 33, ____, ____, ____
e) 5, 15, 7, 21, 13, ____, ____, ____
f) 3, 5, 8, 13, 21, 34, ____, ____, ____

7 Bestimme die fehlenden Werte.

	p%	G	W
a)	50%	700€	
b)	9%	60 kg	
c)	56%	1350 m	
d)		80 Schüler	20 Schüler
e)		300€	12€
f)	5%		13 t
g)	34%		85 Stück

8 Herr Wassenberg hat 8000 € mit einem Zinssatz von 4,5% bei einer Bank angelegt.
a) Berechne die Zinsen für ein Jahr.
b) Wie hoch sind die Zinsen im Folgejahr? Berücksichtige den Zinseszinseffekt.

9 Bei der Bürgermeisterwahl erhielt Herr Knickfeld 53% der Stimmen. Damit wurde er von 9858 Bürgern gewählt.
a) Wie viele Bürger haben bei der Wahl ihre Stimme abgegeben?
b) Gegenkandidat Mittermayer erhielt 5896 Stimmen. Berechne den Prozentsatz.

10 Ein quaderförmiges Aquarium ist 50 cm lang, 30 cm breit und 40 cm hoch.
a) Berechne das Volumen des Aquariums. Gib das Fassungsvermögen in Liter an.
b) Das Aquarium ist zu 95% mit Wasser gefüllt. Wie viel Wasser ist enthalten?

11 Ein Landwirt besitzt ein rechteckiges Feld. Das Feld hat einen Flächeninhalt von 27 000 m^2 und ist 300 m lang.
a) Wie breit ist das Feld?
b) Eine Anlage bewässert 21 000 m^2 des Feldes. Wie viel Prozent sind das?

HINWEIS
Bei diesem Test wird – wie beim richtigen Einstellungstest auch – der mathematische Bereich nicht mehr angegeben, damit man beim Lösen der Aufgabe keine Vorinformationen hat.

WWW 167-1
BEACHTE
Die Aufgaben können unter dem Webcode auch als Arbeitsblatt ausgedruckt werden. So können sie anschließend direkt korrigiert werden.

12 Bei Bäckermeister Reffeling kostet ein Brötchen 0,24 €. 10 Brötchen verkauft er zum Sonderpreis von 2,10 €.
a) Mona kauft drei Brötchen. Wie viel Geld muss sie bezahlen?
b) Mona zahlt mit einer 1-€-Münze. Wie viel Geld erhält sie von der Verkäuferin zurück?
c) Herr Kleinen hat für 5,40 € Brötchen gekauft. Wie viele Brötchen hat er dafür erhalten?

13 An einer Großbaustelle sind 15 Arbeiter für ein Unternehmen tätig. Der Chef schätzt, dass die Arbeiten in 21 Tagen erledigt sind. Wie viele Arbeiter muss er an der Baustelle beschäftigen, wenn die Arbeit in 14 Tagen beendet sein muss?
Runde das Ergebnis sinnvoll.

14 Ein Kreis hat einen Umfang von 94,25 cm.
a) Berechne seinen Radius.
b) Bestimme den Flächeninhalt des Kreises.
c) Besitzt ein Kreis mit doppeltem Radius den doppelten Umfang (den doppelten Flächeninhalt)?

15 Ein Dreieck hat die Seitenlängen $a = 14\,\text{cm}$, $b = 11{,}5\,\text{cm}$ und $c = 8\,\text{cm}$.
Ist das Dreieck rechtwinklig?
Begründe deine Meinung.

16 Löse die folgenden Gleichungen.
a) $15x + 48 = 20x - 12$
b) $3(4x + 6) = 2(8x - 3)$
c) $5x - (6 - 3x) = 18$

17 Ein Hotel hat 42 Zimmer. In Einzel- und Doppelzimmern stehen insgesamt 66 Betten. Wie viele Einzel- und wie viele Doppelzimmer hat das Hotel?

18 Inas Vater ist drei Jahre älter als ihre Mutter. Zusammen sind sie 99 Jahre alt. Bestimme das Alter von Inas Vater.

19 Ein Ehepaar ist zusammen 80 Jahre alt. Der Mann ist 4 Jahre älter als die Frau.

20 Finde das Ergebnis durch Schätzen.
a) 1895 + 5865 + 3584
① 9344 ② 9345
③ 11344 ④ 11345
b) 7215 – 217
① 6992 ② 6998
③ 7002 ④ 7008
c) 17 · 45 – 7 · 45
① 100 ② 450
③ 1045 ④ 1450
d) 997 · 1002
① 8994 ② 98 994
③ 998 994 ④ 9 998 994

21 Eines der fünf Zeichen passt nicht in die Zeichenfolge. Gib dessen Buchstaben an.

a)

b)
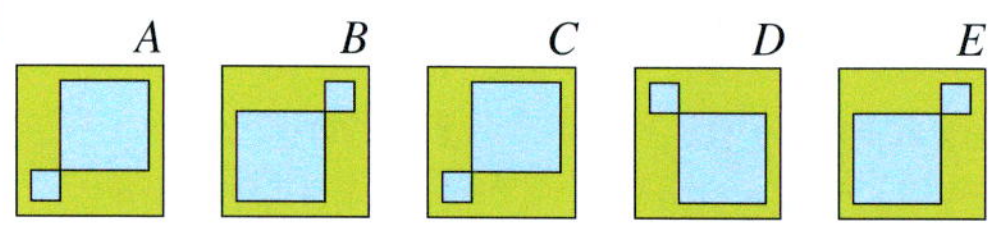

22 Welcher der vier Körper kann aus der Faltvorlage rechts gebildet werden?

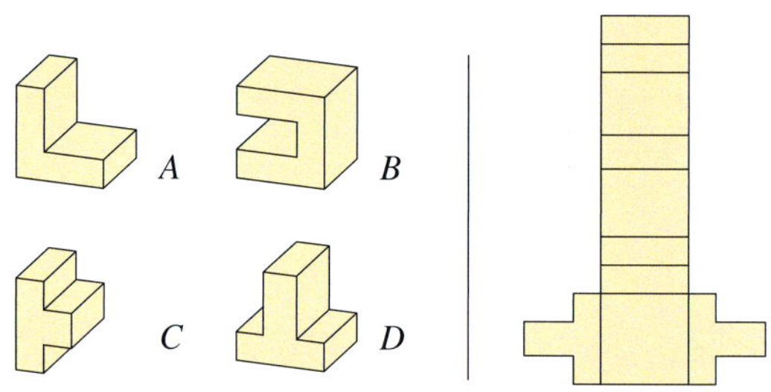

23 Wie viele Flächen hat der gezeichnete Körper? Zähle auch die nicht sichtbaren Flächen mit.

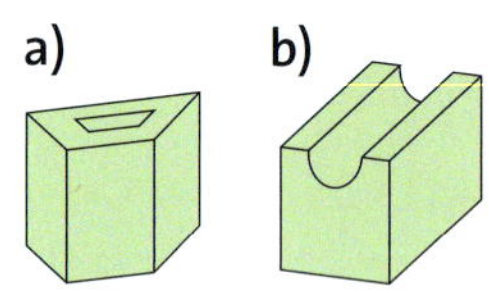

24 Welche drei Figuren sind gleich?

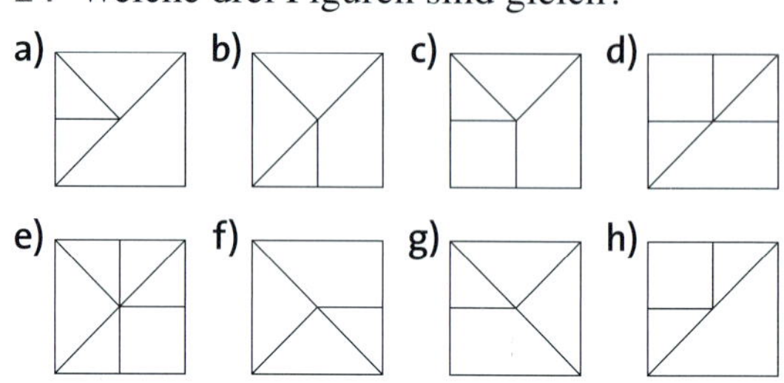

Training

Rechnen mit reellen Zahlen und Wurzeln

1 Berechne ohne Verwendung des Taschenrechners.

a) $\sqrt{9 \cdot 16 \cdot 100}$ b) $\sqrt{1600}$
c) $\sqrt{9} \cdot \sqrt{16} \cdot \sqrt{100}$ d) $\sqrt{40000}$
e) $\sqrt{25 \cdot 36}$ f) $\sqrt{360000}$

2 Fasse zusammen und berechne das Ergebnis. Runde auf Hundertstel.

a) $2\sqrt{7} - \sqrt{7}$ b) $3\sqrt{5} + 4\sqrt{5}$
c) $3\sqrt{11} - 5\sqrt{7}$ d) $12\sqrt{7} + 5\sqrt{7}$
e) $2{,}5\sqrt{13} - 3\sqrt{13}$ f) $6\sqrt{30} - \frac{1}{7}\sqrt{30}$
g) $3\sqrt{7} - 4\sqrt{8}$ h) $8\sqrt{17} + 2{,}4\sqrt{18}$
i) $22\sqrt{15} + 3{,}6\sqrt{13}$ j) $0{,}8\sqrt{36} - 12\sqrt{27}$
k) $32\sqrt{25} - 19\sqrt{30}$ l) $14{,}2\sqrt{24} - 0{,}8\sqrt{14}$

3 Welche der angegebenen Zahlen sind rational, welche sind irrational? Begründe deine Entscheidung.

6,704 980 843 … 0,333 333 …
20,077 472 53 … 0,037 037 …
1,862 068 966 … 3,043 478 261 …

4 Welche Dezimalbrüche mit einer Nachkommastelle ergeben beim Wurzelziehen den gerundeten Wert 6,7?

5 Zwischen welchen beiden natürlichen Zahlen liegt die Quadratwurzel?

a) $\sqrt{250}$ b) $\sqrt{1000}$ c) $\sqrt{305}$

6 Bestimme mittels Intervallschachtelung jeweils die Quadratwurzel.
Gib jedes Intervall an und runde auf vier Nachkommastellen.

a) $\sqrt{3}$ b) $\sqrt{5}$ c) $\sqrt{11}$

7 Löse die Wurzelgleichungen im Kopf.

a) $\sqrt{x+6} = 6$ b) $\sqrt{x+9} = 7$
c) $\sqrt{x-8} = 2$ d) $\sqrt{x-5} = 5$
e) $\sqrt{x-10} = 8$ f) $\sqrt{2x+6} = 4$

8 Begründe, ob die folgende Aussage wahr oder falsch ist. Das Produkt zweier rationaler Zahlen ist wieder rational.

9 Gib die Lösungen der folgenden Wurzelgleichungen an.

a) $\sqrt{12x-5} = \sqrt{6x+37}$
b) $\sqrt{16x-8} = \sqrt{4x+13}$
c) $\sqrt{4x+14} = \sqrt{3x+11}$
d) $\sqrt{21x+2} = \sqrt{16x+12}$
e) $\sqrt{25x+9} = 9$
f) $\sqrt{35x+3} = \sqrt{15x+43}$
g) $\sqrt{\frac{x}{3}+47} = \sqrt{9x-5}$

10 Entscheide ohne umzuformen, ob die Gleichung eine Lösung haben kann.

a) $\sqrt{6x} + 50 = 1$
b) $\sqrt{12x} + 15 = -30$
c) $\sqrt{x} + 14 = 24$
d) $\sqrt{3x} + 12 = 5$
e) $\sqrt{19x+22} + 35 = 28$
f) $\sqrt{\frac{x}{5}+5} - 7 = 10$
g) $\sqrt{6x-16} - 17 = 60$

11 Löse die Zahlenrätsel.

a) Die Wurzel aus der Summe einer Zahl und 27 ist halb so groß wie 18.
b) Die Wurzel aus dem Produkt einer Zahl und 5 ist 100.
c) Die Wurzel aus der Differenz einer Zahl und 66 ist 30.
d) Die Wurzel aus der Summe einer Zahl und 32 ist gleich der Wurzel aus der Differenz des Dreifachen dieser Zahl und 1.

12 Konstruiere eine Strecke der Länge $\sqrt{7}$. Beschreibe, wie du vorgehst.

13 Löse die Wurzelgleichungen. Runde gegebenenfalls auf zwei Nachkommastellen.

a) $\frac{21\sqrt{4+x}}{\sqrt{5x}} = 12{,}6$ b) $\frac{18\sqrt{x+5}}{\sqrt{6x}} = 11{,}63$
c) $\sqrt{\frac{8}{x}+11} = 24$

Quadratische Funktionen

1 Beschreibe den Funktionsgraphen und gib den Scheitelpunkt der Parabeln an.

a) $f(x) = x^2 - 1$
b) $f(x) = -x^2 + 4$
c) $f(x) = -2{,}5x^2 + 5{,}5$
d) $f(x) = \frac{2}{3}x^2 - \frac{1}{2}$
e) $f(x) = (x-4)^2 + 3$
f) $f(x) = 1{,}5(x-1)^2$
g) $f(x) = -\frac{1}{2}(x+4)^2 - 2$
h) $f(x) = 2(x-4)^2$
i) $f(x) = 0{,}8(x-2)^2 + 1$
j) $f(x) = -(x+8)^2$

2 Forme die Funktionsgleichungen in die Scheitelpunktform um. Beschreibe jeweils den Funktionsgraphen und gib den Scheitelpunkt an.

a) $f(x) = x^2 + 14x + 49$
b) $f(x) = x^2 - 6x + 9$
c) $f(x) = x^2 + 18x + 81$
d) $f(x) = x^2 - 4x + 6$
e) $f(x) = x^2 + 3x + 3$
f) $f(x) = -x^2 - 6x + 10$
g) $f(x) = 3x^2 - 9x - 12$
h) $f(x) = -2x^2 + 4x + 30$

3 **WANTED!**
Gesucht wird die Gleichung einer Parabel mit den folgenden Eigenschaften.

a) Scheitelpunkt $S(2|1)$ und Stauchungsfaktor $\frac{1}{3}$
b) Scheitelpunkt $S(-3|4)$ und Streckungsfaktor -2
c) Scheitelpunkt $S(3|0)$ und Punkt $P(4|2)$
d) Scheitelpunkt $S(1|4)$ und y-Achsenabschnitt $n = 5$
e) Scheitelpunkt im Ursprung und Punkt $P(2|5)$

4 Ein Architekt plant eine Brücke mit einem Parabelbogen entsprechend der angegebenen Skizze.

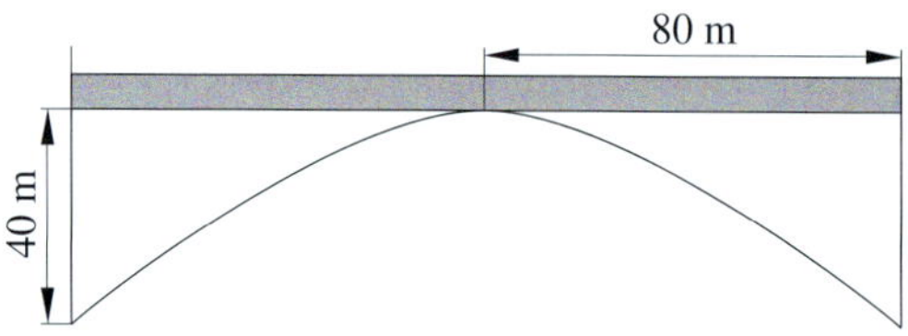

Ermittle den Streckungsfaktor a aus der Gleichung $f(x) = ax^2$.
Stelle anschließend die Funktionsgleichung auf.

5 In einem Park soll eine Wasserfontäne 10 m weit und 4 m hoch spritzen.
Überprüfe, ob die Höhe h des Wasserstahls mit der Gleichung $h(x) = -0{,}16x^2 + 1{,}6x$ beschrieben werden kann.

6 Beschreibe den Graphen der Funktion und begründe, ob die Funktion keine, eine oder zwei Nullstellen besitzt.

a) $f(x) = x^2 - 8x + 16$
b) $f(x) = -x^2 - 2x - 3$
c) $f(x) = 3x^2 + 3x - 6$
d) $f(x) = 2x^2 + 8x + 3$

7 Das „Tor zum Westen“, der Gateway Arch in St. Louis (USA), kann näherungsweise durch den Graphen einer quadratischen Funktion der Form $f(x) = ax^2$ beschrieben werden. Der äußere Begrenzungsbogen hat eine Basislänge von 192 m und die gleiche Höhe. Der innere Begrenzungsbogen hat eine Basislänge von 161,5 m und eine Höhe von 187,5 m.

Bestimme für beide Bögen jeweils die Funktionsgleichung. Wähle den Koordinatenursprung im Scheitelpunkt.

8 Eine Kugel wird senkrecht nach oben geschossen.
Ihre Höhe über der Abschussstelle wird durch die Funktion $h(x) = -5x^2 + 45x$ berechnet. Dabei steht x für die Zeit nach dem Abschuss in s, h für die Höhe in m.

a) In welcher Höhe befindet sich die Kugel nach zwei Sekunden?
b) Nach wie vielen Sekunden erreicht die Kugel ihre maximale Höhe? Wie hoch ist sie dann?
c) Wann trifft die Kugel auf dem Boden auf?
d) Zu welchen Zeiten erreicht die Kugel eine Höhe von 90 m?

Gleichungen lösen

1 Löse die quadratischen Gleichungen. Welche Gleichungen haben keine Lösung?

a) $x^2 = 9801$ b) $x^2 = 2025$
c) $3x^2 = 2028$ d) $x^2 + 27 = 9$
e) $x^2 - 157 = 932$ f) $16x^2 = 0$
g) $x^2 + 27 = 556$ h) $2x^2 + 16 = 0$

2 Multipliziert man eine natürliche Zahl mit ihrem Fünffachen, so erhält man 180. Bestimme die Zahl.

3 Eine quadratische Tischplatte hat eine
a) Seitenlänge von 80 cm. Wie lang ist die Diagonale des Tisches?
b) Diagonale mit einer Länge von 80 cm. Welche Seitenlängen hat der Tisch?

4 Löse die quadratischen Gleichungen.

a) $x^2 + 8x - 9 = 0$ b) $x^2 + 4x - 96 = 0$
c) $x^2 - 3x - 18 = 0$ d) $x^2 + 12{,}5x + 25 = 0$
e) $x^2 + x - 20 = 0$ f) $x^2 + 20x + 96 = 0$

5 Löse die quadratischen Gleichungen. Forme falls nötig in die Normalform um.

a) $x^2 - 8x + 15 = 0$ b) $2x^2 - 18x + 40 = 0$
c) $-\frac{1}{2}x^2 + 2x + 16 = 0$ d) $3x^2 = -6x + 9$
e) $0{,}48x^2 = 9{,}6x$ f) $-4x^2 + 16x = 16$
g) $9x^2 + 3x = 20$ h) $0{,}5x^2 - 3x + 4 = 0$

6 Ein rechteckiges Grundstück ist $1575\,m^2$ groß. Die eine Seite ist 10 m länger als die andere. Wie lang und wie breit ist das Grundstück?

7 Ein Rechteck hat einen Umfang von 96 cm und einen Flächeninhalt $A = 432\,cm^2$. Bestimme die Länge und Breite des Rechtecks.

8 Um einen rechteckigen Spielplatz soll eine Rasenfläche angelegt werden, die an allen Seiten gleich breit ist.
Der Spielplatz hat die Maße 25 m × 15 m.
Die Rasenfläche ist fünfmal so groß wie der Spielplatz.
Bestimme, welche Außenmaße die Rasenfläche hat?

9 Eine quadratische Säule ist 7 m hoch. Ihr Oberflächeninhalt beträgt $64\,m^2$.
a) Berechne die Seitenlänge der quadratischen Grundfläche.
b) Welches Volumen hat die Säule?

10 Karina ist vier Jahre jünger als ihr Freund Tom. Multipliziert man das Alter der beiden miteinander, so erhält man 357. Wie alt sind die beiden?

11 Die Hypotenuse eines rechtwinkligen Dreiecks ist 15 cm lang. Die Katheten unterscheiden sich um 3 cm.
a) Wie lang sind die Katheten?
b) Berechne den Flächeninhalt des Dreiecks.

12 Verlängert man den Radius eines Kreises um 15 cm, dann verdoppelt sich der Flächeninhalt des Kreises.
a) Wie lang war der ursprüngliche Radius?
b) Um wie viel Prozent wurde der Radius vergrößert?

13 Eine rechteckige Wiese wird durch einen 400 m langen Zaun begrenzt. Läuft man von einer Ecke zur diagonal gegenüberliegenden Ecke, so legt man 143 m zurück. Wie lang und wie breit ist die Wiese?

14 Der Bogen einer Brücke kann annähernd durch die Funktion $f(x) = -0{,}5x^2 + 3x$ beschrieben werden.
Höhe und Breite der Brücke haben die Einheit Meter.
a) Wie breit ist die Brücke?
b) Gib die maximale Höhe der Brücke an.

15 Gegeben sind die beiden Funktionen f und g mit den Funktionsgleichungen $f(x) = \frac{1}{2}x^2 - 2x + 4$ und $g(x) = -2x^2 + 6x + 4$.
a) Forme die Funktionsgleichungen in die Scheitelpunktform um und gib jeweils den Scheitelpunkt an.
b) Berechne die Nullstellen von f und g.
c) Berechne die Schnittpunkte der beiden Graphen f und g.

Zufall und Wahrscheinlichkeiten

1 Wie groß ist die Wahrscheinlichkeit dafür, dass bei dem abgebildeten Glücksrad

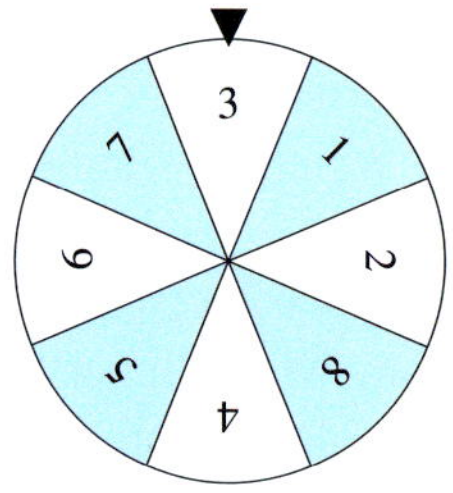

a) die 8 gedreht wird,
b) eine gerade Zahl gedreht wird,
c) ein blaues Feld gedreht wird,
d) eine Zahl kleiner als 6 gedreht wird,
e) ein blaues Feld mit gerader Zahl gedreht wird?

2 Handelt es sich beim Werfen mit dem abgebildeten Würfel um ein Laplace-Experiment? Begründe.

3 Aus einem Skatspiel (32 Karten) wird eine Karte gezogen.
Wie groß ist die Wahrscheinlichkeit, dass folgendes Ereignis eintritt?
a) Herz-Ass wird gezogen
b) ein schwarzer Bube wird gezogen
c) ein König wird gezogen
d) eine „7“ oder eine „8“wird gezogen
e) eine Karo-Karte wird gezogen
f) eine rote Karte wird gezogen
g) eine Dame oder eine schwarze Karte wird gezogen
h) ein Bube, eine Dame oder ein König wird gezogen
i) eine gerade Zahl wird gezogen

4 Welche Situationen können als zweistufige Zufallsexperimente interpretiert werden?
① einmaliges Werfen einer Münze
② zweimaliges Werfen eines Würfels
③ gleichzeitiger Wurf von zwei Münzen
④ in einem Restaurant kann das Menü aus drei Vorspeisen und vier Hauptgerichten zusammengestellt werden

5 Beim Tontaubenschießen gab es folgende Ergebnisse:

Name	Schüsse	Treffer
Hannah	10	8
Katrin	12	9
Thomas	8	4
Michael	15	12
Marco	9	3

a) Gib für jede Person die Wahrscheinlichkeit an, mit der sie die Tontaube trifft.
b) Wer hat das Tontaubenschießen gewonnen?

6 Maria schreibt die Buchstaben ihres Vornamens auf je ein Blatt Papier. Dann zieht sie ohne hinzuschauen ein Blatt. Wie groß ist die Wahrscheinlichkeit, dass sie

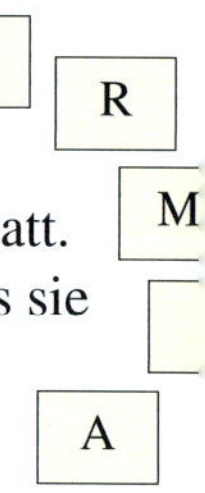

a) das „M“ zieht, **b)** ein „A“ zieht,
c) einen Vokal zieht, **d)** ein „S“ zieht?

7 Ein Multiple-Choice-Test besteht aus zwei Fragen mit vier Antwortmöglichkeiten, von denen genau eine richtig ist.
a) Wie groß ist die Wahrscheinlichkeit, dass ein ahnungsloser Prüfling beide Antworten richtig errät?
b) Wie groß ist die Wahrscheinlichkeit, dass er mindestens eine Aufgabe richtig löst?
c) Der Tester möchte, dass die Wahrscheinlichkeit, beide Lösungen richtig zu raten, kleiner als 1 % ist. Wie viele Antwortmöglichkeiten müsste er bei den Fragen vorgeben?
Finde mehrere Möglichkeiten.

8 Ein Lehrer schreibt den Klassenspiegel der letzten Mathematikarbeit an die Tafel.

Note	1	2	3	4	5	6
Anzahl	3	5	6	7	4	0

Chantal, die Klassenbeste, sagt:
„Die Wahrscheinlichkeit, dass ich eine „5“ geschrieben habe, liegt bei $\frac{4}{25}$, also bei 16 %.“
„Ich habe sicher eine „5“ geschrieben“, sagt Selina, die in der Klassenarbeit Schwierigkeiten hatte. Nimm Stellung zu den Aussagen der Schülerinnen.

Kreiskegel und Kugel

1 Berechne das Volumen eines Kegels mit den angegebenen Maßen.

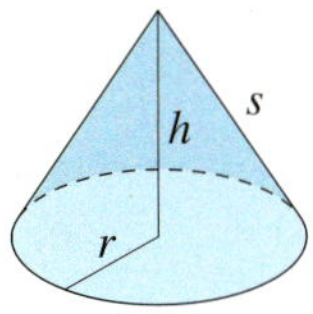

a) $r = 6{,}4\,cm$; $h = 13{,}6\,cm$
b) $r = 5\,cm$; $s = 10\,cm$
c) $s = 15\,mm$; $h = 10\,mm$
d) $d = 28\,m$; $s = 35\,m$

2 Berechne den Mantelflächeninhalt A_M, den Oberflächeninhalt A_O und das Volumen V des Kegels.
a) $h = 17\,cm$; $r = 5\,cm$
b) $h = 20\,mm$; $d = 30\,mm$
c) $h = 10\,cm$; $s = 15\,cm$
d) $s = 9\,cm$; $r = 40\,mm$

3 Berechne das Volumen und den Oberflächeninhalt der Kugel für die angegebenen Maße.
a) $r = 3{,}7\,cm$
b) $d = 12{,}8\,dm$

4 Die Tabelle zeigt die Maße eines Kegels. Übertrage sie in dein Heft und fülle sie aus. Maße in cm.

	r	h	A_M	A_O	V
a)	6				142
b)		8	100	250	
c)	30	15			
d)	9,5	12,5		590	

5 Berechne den Durchmesser der Kugel.
a) $A_O = 2875\,cm^2$
b) $A_O = 8{,}22\,m^2$
c) $V = 28{,}75\,cm^3$
d) $V = 822\,m^3$

6 Eine Kugel hat einen Durchmesser von $d = 30\,cm$.
a) Berechne das Volumen der Kugel.
b) Welchen Durchmesser hat eine Kugel mit einem Viertel des Volumens dieser Kugel?
c) Welchen Oberflächeninhalt haben die beiden Kugeln?

7 Wie verändert sich das Volumen einer Kugel, wenn sich der Radius verdoppelt?

8 Von einer Hohlkugel sind die folgenden Angaben bekannt. Ergänze die folgende Tabelle in deinem Heft.

	r_a	r_i	V
a)	6 cm	2 cm	
b)	15 cm	7,5 cm	
c)	49 dm	2,4 m	
d)	45 cm	1,5 dm	
e)	34 mm		$60\,024\,mm^3$
f)	18 mm		$859{,}3\,mm^3$

9 Der Radius einer Kugel beträgt $r = 4\,cm$.
a) Berechne den Oberflächeninhalt der Kugel.
b) Welchen Radius hat eine Kugel, deren Oberflächeninhalt nur halb so groß ist?
c) Welchen Radius hat eine Kugel, deren Oberflächeninhalt doppelt so groß ist?

10 Ordne die folgenden Körper nach ihrem Volumen.
① quadratische Pyramide mit $a = 10\,cm$ und $h = 10\,cm$
② Kegel mit $d = 10\,cm$ und $h = 10\,cm$
③ Kugel mit $r = 10\,cm$

11 Ein Kegel aus Plexiglas hat einen Radius von $r = 5\,cm$ und ist 10 cm hoch. Der Kegel ist mit Metallkugeln gefüllt, die einen Durchmesser von 3 mm besitzen. Wie viele Metallkugeln können höchstens in dem Kegel sein? Schätze zunächst und berechne dann.

12 Aus einem Holzwürfel mit einer Kantenlänge von 20 cm soll eine Kugel mit dem größtmöglichen Durchmesser herausgearbeitet werden.
a) Welches Volumen hat die entstandene Kugel?
b) Vergleiche das Volumen des Würfels mit dem Volumen der Kugel? Um wie viel Prozent weicht das Volumen der Kugel von dem des Würfels ab?
c) Um wie viel Prozent hat sich der Oberflächeninhalt der Kugel im Vergleich zur Kugel geändert?

Rechnen mit reellen Zahlen und Wurzeln

a

1

a) 3,65 b) 2 c) 7,12

2

a) 4
b) 6
c) −4
d) 8
e) 12
f) 16

3

a) $\sqrt{147} : \sqrt{3} = \sqrt{\frac{147}{3}} = 7$
b) $\sqrt{24} \cdot \sqrt{6} = \sqrt{\frac{24}{6}} = 2$
c) $\sqrt{125} : \sqrt{5} = \sqrt{\frac{125}{5}} = 5$
d) $\sqrt{192} : \sqrt{3} = \sqrt{\frac{192}{3}} = 8$
e) $\sqrt{12} \cdot \sqrt{4} : \sqrt{3} = \sqrt{12 \cdot \frac{4}{3}} = 4$

4

a) $\sqrt{169} = 13$
b) $\sqrt{2,5} \approx 1,58$
c) $\sqrt{0,04} = 0,2$
d) $\sqrt{0,049} \approx 0,22$
e) $\sqrt{400} = 20$
f) $\sqrt{32} \approx 5,66$

5

a) rational
b) irrational
c) rational
d) irrational

6

a) $x = 2$
b) $x = 12$
c) $x = 3$
d) $x = 6$
e) $x = 8$
f) $x = 25$

7

Es ist die Zahl 12 gemeint.

b

1

d) 0,60 e) 5 f) 0,60

2

a) 8
b) 1
c) $\frac{11}{6}$
d) 12
e) 2
f) 5

4

[2; 3], [2,6; 2,7], [2,64; 2,65], [2; 3], [2,645; 2,646], [2,6457; 2,6458], $\sqrt{7} \approx 2,646$

5

a) rational
b) irrational
c) irrational
d) rational
e) irrational
f) irrational

6

a) $x = 4$
b) $x = 15$
c) $x = 30$
d) $x = 7$
e) $x = 3$
f) $x = 24$

Quadratische Funktionen

a

1
a) $(2x+y)^2 = 4x^2 + 2xy + y^2$
c) $(x+5)(x-5) = x^2 - 25$

b

b) $(3x-y)^2 = 9x^2 - 3xy + y^2$
d) $(6a+4)(6a-4) = 36a^2 - 16$

2

	Wertebereich	Monotonie	Scheitelpunkt	Öffnung	Form	Anzahl Nullstellen
a)	$W = \mathbb{R}$	$(-\infty;3)$ fallend, $(3;\infty)$ steigend	$(3\|2)$	oben	normal	keine
b)	$W = \mathbb{R}$	$(-\infty;-2)$ fallend, $(-2;\infty)$ steigend	$(-2\|0)$	oben	normal	eine
c)	$W = \mathbb{R}$	$(-\infty;0)$ steigend, $(0;\infty)$ fallend	$(0\|4)$	unten	normal	2
d)	$W = \mathbb{R}$	$(-\infty;-1{,}5)$ steigend, $(-1{,}5;\infty)$ fallend	$(-1{,}5\|-1)$	unten	normal	keine
e)	$W = \mathbb{R}$	$(-\infty;0)$ fallend, $(0;\infty)$ steigend	$(0\|-5)$	oben	gestreckt	2
f)	$W = \mathbb{R}$	$(-\infty;2)$ fallend, $(2;\infty)$ steigend	$(2\|3)$	oben	gestaucht	keine

3 (a)
$f(x) = (x-3)^2$
$g(x) = -x^2 + 4$
$h(x) = (x+2)^2 - 1$
$i(x) = (x-1)^2 - 2$

3 (b)
$f(x) = (x-4)^2 + 2$
$g(x) = \frac{1}{2} \cdot (x+2)^2$
$h(x) = -2x^2 + 3$
$i(x) = \frac{3}{16}(x-2)^2 - 3$

4
a) $S(-2|-3)$ b) $S(3|-6)$ c) $S(6|-32)$ d) $S\left(\frac{1}{4}\middle|\frac{31}{16}\right)$

5 (a)
a) keine Nullstellen
b) 2 Nullstellen: $x_1 = 2$; $x_2 = -2$
c) 2 Nullstellen: $x_1 = 0$; $x_2 = -5$

5 (b)
a) 2 Nullstellen: $x_1 = 4$; $x_2 = 2$
b) 2 Nullstellen: $x_1 = -1{,}5$; $x_2 = 2{,}5$
c) 2 Nullstellen: $x_1 = -4$; $x_2 = 2{,}5$

6 (a)
a) $S(0|10)$, $x_1 = -\sqrt{90} \approx -9{,}49$,
$x_2 = \sqrt{90} \approx 9{,}49$
Höhe: 10 (m)
Länge: $2 \cdot \sqrt{90}\,(\text{m}) \approx 18{,}97\,\text{m}$
b) $A = 2 \cdot \sqrt{90}\,\text{m} \cdot \frac{2}{3} \cdot 2 \cdot \sqrt{90}\,\text{m} = 240\,\text{m}^2$

6 (b)
a) $f(1) = 21{,}75$; $f(4) = 21{,}75$
Nach 1 s und nach 4 s befindet sich der Stein in einer Höhe von 21,75 m.
b) Nach 2,5 s erreicht der Stein seine Maximalhöhe von 33 m.
c) $x_1 \approx -0{,}07$, $x_2 \approx 5{,}07$
Nach ca. 5 s trifft der Stein am Boden auf.

Gleichungen lösen

a

1
a) $\left(-\frac{8}{11}; \infty\right)$ b) $(-\infty; -7]$ c) $(-\infty; -11)$

2
$x \leq 1{,}4$

b

d) $\left[\frac{1}{4}; \infty\right)$ e) $(-\infty; -2]$ f) $(-65; \infty)$

2
$x \geq -2$

a

3
a) $x_1 = 2{,}5;\ x_2 = -2{,}5$ b) $x_1 = 3{,}5;\ x_2 = -3{,}5$ c) $x_1 = 0;\ x_2 = 4{,}5$ d) $x_1 = 3;\ x_2 = -6$

e) $x_1 = 0{,}5;\ x_2 = -2$ f) $x_1 = \frac{1}{3};\ x_2 = \frac{1}{2}$ g) $x_1 = 8;\ x_2 = 5$ h) $x_1 = 2;\ x_2 = 4$

4
a) z. B. $(x + 12) \cdot (x - 12) = x^2 - 144 = 0$
b) z. B. $x \cdot (x - 7) = x^2 - 7x = 0$
c) z. B. $(x - 8)^2 = x^2 - 16x + 64 = 0$
d) z. B. $x^2 = -1$

5
a) $a^2 + a^2 = 128^2$
$a_1 = 64\sqrt{2};\ a_2 = -64\sqrt{2}$
Eine Seite ist etwa 90,51 cm lang.
b) $6a^2 = 121{,}5$
Die Seiten sind 4,5 cm lang.

6
a) x = Breite des Zuschauerraums
$(120 - 2x)(80 - 2x) = 0$
$x_1 \approx 10{,}76;\ (x_2 \approx 89{,}24)$
b) Das Spielfeld ist etwa 98,5 m lang und 58,5 m breit.

b

4
a) z. B. $(x - 9) \cdot (x - 12) = x^2 - 21x + 108 = 0$
b) z. B. $x \cdot (x - 9) = x^2 - 9x = 0$
c) z. B. $(x - 12)^2 = x^2 - 24x + 144 = 0$
d) z. B. $(x - 2) \cdot (x - 4) = x^2 - 6x + 8 = 0$

5
a) $a \cdot (23 - a) = 120$
Die Seiten sind 8 cm und 15 cm lang.
b) $\frac{(h+1) \cdot h}{2} = 120;\ g = h + 1$
Die Grundseite ist 16 cm lang.

6
a) $\pi \cdot (r + 50)^2 = 2 \cdot \pi \cdot r^2$
$r_1 \approx 120{,}7;\ (r_2 \approx -20{,}7)$
Der Radius war zuvor etwa 120,7 cm lang.
b) Der Radius wurde um etwa 41,4 % verlängert.

Zufall und Wahrscheinlichkeiten

a

1

a) Laplace-Experiment, wenn die Teilnehmer in gleichen Abständen im Kreis sitzen, der Boden eben ist und die Flasche „fair" gedreht wird.

b) kein Laplace-Experiment
Die Marmeladenseite ist schwerer als die andere. Die Toastseiten sind viel kleiner als die großen Flächen.

c) kein Laplace-Experiment
Der Korken bleibt häufiger auf der Seite liegen als dass er stehen bleibt.

b

1

mögliche Ergebnisse: lange Seite, kurze Seite, Noppen, Hohlraum
Man müsste den Legostein sehr viele Male werfen und notieren, wie er liegen bleibt. Aus den Aufzeichnungen könnte man die Wahrscheinlichkeiten näherungsweise bestimmen.

a

2

a) $P(\text{grün}) = \frac{1}{10}$

b) $P(\text{gelb}) = \frac{4}{10} = \frac{2}{5}$

c) $P(\text{rot oder blau}) = \frac{2}{10} + \frac{3}{10} = \frac{5}{10} = \frac{1}{2}$

d) $P(\text{rot oder gelb}) = \frac{2}{10} + \frac{4}{10} = \frac{6}{10} = \frac{3}{5}$

3

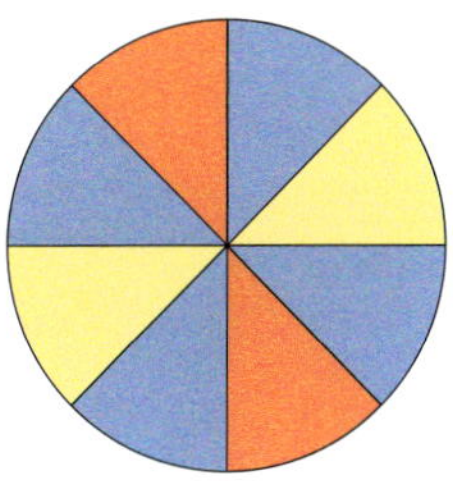

b

3

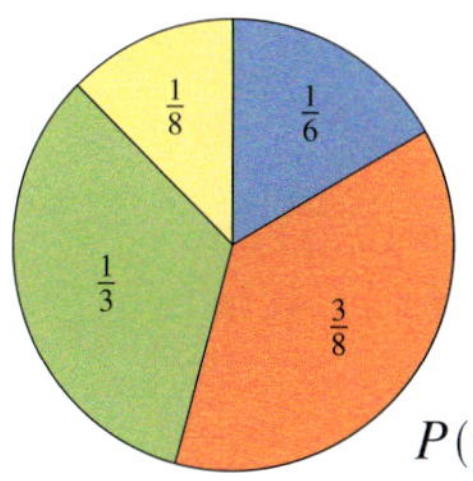

$P(\text{gelb}) = \frac{1}{8}$

a

4

a) Stimmt.

b) Kann sein, muss aber nicht sein.

c) Stimmt nicht, es können gelbe Kugeln enthalten sein.

d) Es ist wahrscheinlich so, muss aber nicht zwingend so sein.

5

$3 \cdot 2 = 6$
Es gibt 6 Kombinationen.

b

5

$30 \cdot 29 : 2 = 435$

Es gibt 435 Möglichkeiten, die Reihenfolge spielt keine Rolle.

a

6

a) Individuell.

b) $0{,}8 \cdot 0{,}8 = 0{,}64$
Die Wahrscheinlichkeit, zwei Nieten zu ziehen beträgt 64 %.

c) $0{,}8 \cdot 0{,}05 + 0{,}15 \cdot 0{,}05 + 0{,}05\,(0{,}8 + 0{,}15 + 0{,}05) = 0{,}0975 = 9{,}75\,\%$
Die Wahrscheinlichkeit, mindestens einen Hauptpreis zu ziehen, beträgt 9,75 %.

Kreiskegel und Kugel

a

1
Individuelle Zeichnung.

2
Der Oberflächeninhalt beträgt etwa 35,34 dm^2; das Volumen beträgt etwa 13,69 dm^3.

3
Der Oberflächeninhalt beträgt etwa 17 203,36 mm^2; das Volumen beträgt etwa 212 174,8 mm^3.

4
Individuelle Zeichnung.

5
a) Der Körper besteht aus einem Zylinder und einem Kreiskegel. $V \approx 160{,}22\,\text{cm}^3$

b) $A_M \approx 23{,}09\,\text{cm}^2$

b

1
Individuelle Zeichnung.

2
Der Oberflächeninhalt beträgt etwa 46,40 cm^2, das Volumen etwa 20,94 cm^3.

3
Der Radius beträgt etwa 4,15 cm.
Der Oberflächeninhalt beträgt 216,72 cm^2.

4
Individuelle Zeichnung.

5
Der Körper besteht aus einem Kreiskegel und einem Prisma.

$V = 10{,}28\,\text{cm}^3$

$A_O = 39{,}05\,\text{cm}^2$

6
a) Der Radius beträgt etwa 2,31 cm.

b) Der Radius würde etwa 1,84 cm betragen.

7
$V \approx 8181{,}23\,\text{cm}^3$

$m \approx 22\,089\,\text{g} \approx 22\,\text{kg}$

Lösungen zu „Auf dem Weg in die Berufswelt“

Seite 19 Eingangsdiagnose

Grundkenntnisse

I Grundrechenarten

1 a) 10238 b) 517 c) 322926
d) 6082 e) 166 f) 9
g) −1365

II Maße und Massen

2 a) 3 cm b) 600 m c) 7,5 kg
d) 0,035 t e) 130 min f) 25000 cm^2
g) 20000 mm^3

3 a) 1 dm^2 b) 1 cm^2

III Brüche und Dezimalbrüche

4 a) $\frac{28}{100} = 0{,}28$ b) $\frac{25}{100} = \frac{1}{4}$

5 a) $\frac{8}{9}$ b) $0{,}95 = \frac{19}{20}$ c) $\frac{1}{6}$
d) 2,84 e) 21,35 f) $\frac{1}{6}$

IV Prozentrechnung

6 a) 0,08 b) 30 % c) 80 %

7 a) $W = 56$ € b) $W = 120$ kg
c) $p\,\% = 28\,\%$ d) $G = 4000$ Schüler
e) $Z = 40$ € f) $G = 15$ €
g) $p\,\% = 5\,\%$

V Dreisatz

8 0,39 € · 3 = 2,34 € Sechs Hefte kosten 2,34 €.

9 2,25 € · 3 = 6,75 € Neun Schokoriegel kosten 6,75 €.

10 8 h : 2 = 4 h Zwei Maler benötigen 4 h.

11 $120\,\frac{km}{h} \cdot 4\,h : 80\,\frac{km}{h} = 6\,h$
Der LKW benötigt 6 h.

12 26 · 14,5 € : 25 = 15,08 €.
Bei 25 Teilnehmern zahlt jeder 15,08 €.

13 3,5 h · 4 : 5 = 2,8 h = 2 h 48 min
Fünf Pumpen benötigen 2 h 48 min.

VI Flächen- und Körperberechnungen

14 $b = 8{,}5$ cm

15 $u = 18{,}84$ cm

16 $V = 270\,cm^3$

17 $A_O = 600\,cm^2$

18 Das Volumen wird achtmal so groß.

19 Seitenlänge $a = b = c = 4$ cm; $h \approx 3{,}5$ cm; $A \approx 6{,}9\,cm^2$

VII Algebra

20 $10a + 3b$

21 $17x + 29$

22 a) $x = 7$ b) $x = 2$

23 $x + 2x = 27$; $x = 9$
Daniel ist 9 Jahre und Jens ist 18 Jahre alt.

24 $5x - 87 = 43$
$x = 26$

Verarbeitungskapazität

VIII Ergebnisse Schätzen

25 a) ① 22115 b) ② 120
c) ③ 12500 d) ④ 135000 h

IX Zahlenfolgen und Figurenreihen

26 a) 2, 5, 8, 11, **14**, **17**, **20**
b) 45, 43, 49, 47, 53, **51**, **57**, **55**
c) 2, 5, 7, 12, 19, **31**; **50**; **81**
d) 4, 12, 7, 21, 16, 48, **43**; **129**; **124**
e) 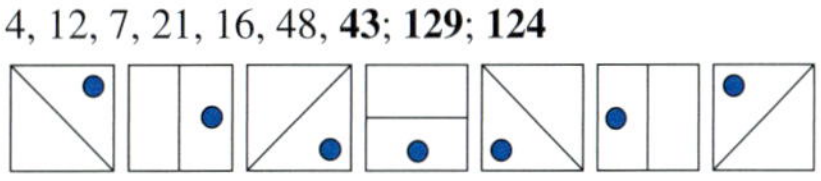

X Kopfgeometrie

27 Körper A

28 a) Zeichen A b) Zeichen D

29 a) Der Körper hat 8 Flächen.
b) Der Körper hat 16 Flächen.

Seite 21 Training

Grundkenntnisse

I Grundrechenarten

1 a) 63 280 b) 40 735
c) 6796 d) 146 859
e) 3605

2 a) 6 688 598 b) 237 059 620
c) 92 980 755 d) 756
e) 2057 f) 6501

3 a) –856 b) –1035
c) 10 730

4 a) 830 b) 3500
c) 20 d) 2700

5 a) 2626 b) 5860
c) 9282 d) 21 924
e) 599 f) –13,5

II Maße und Massen

6 a) 140 cm b) 146 dm
c) 7800 m d) 0,54 dm
e) 8,5 kg f) 2800 kg
g) 4050 g h) 120 min
i) 720 s j) 135 min

7 a) 60 min; 42 min b) 6 h 40 min

8 a) $200\,dm^2$ b) $60\,cm^2$
c) $500\,000\,m^2$ d) $50\,000\,m^2$
e) $3000\,dm^3$ f) $2{,}05\,m^3$
g) 1,28 l h) 300 l

III Brüche und Dezimalbrüche

9 a) 0,7 b) 0,47
c) 0,033 d) 0,5
e) 0,6 f) 0,48
g) 0,85 h) 3,14
i) 12,375

10 a) 2,7 b) 8,61
c) 1,3 d) 1,55
e) 54,18 f) 5,4
g) 2,68 h) 0,508
i) 3,8 j) 25,19
k) 7,3 l) 5,32
m) 36,13 n) 2

11 a) $\frac{6}{7}$ b) $\frac{2}{3}$
c) $\frac{3}{4}$ d) $\frac{3}{5}$
e) $\frac{19}{20}$ f) $\frac{23}{36}$
g) $1\frac{11}{90}$ h) $5\frac{1}{8}$
i) $\frac{1}{4}$ j) $\frac{1}{6}$
k) $\frac{1}{6}$ l) $\frac{3}{10}$
m) $2\frac{17}{24}$ n) $3\frac{2}{3}$
o) $9\frac{4}{5}$

12 a) $\frac{6}{35}$ b) $\frac{3}{10}$
c) $\frac{3}{4}$ d) $7\frac{1}{2}$
e) $8\frac{1}{8}$ f) $17\frac{1}{4}$

13 a) 2 b) $1\frac{3}{5}$
c) $\frac{14}{15}$ d) $8\frac{13}{15}$
e) $\frac{18}{25}$ f) $\frac{5}{144}$

14 a) $\frac{3}{5}$ b) $\frac{2}{3}$
c) $3\frac{3}{5}$ d) $10\frac{10}{13}$

IV Prozent

15 a) $W = 16$ kg
b) $W = 30$ m
c) $W = 3000$ Stimmen
d) $W = 180$ Schüler
e) $W = 237{,}5$ €
f) $W = 3505{,}2$ l

16 a) $p\,\% = 76\,\%$
b) $p\,\% = 32\,\%$
c) $p\,\% = 69\,\%$
d) $p\,\% = 12\,\%$
e) $p\,\% = 20\,\%$
f) $p\,\% = 37{,}5\,\%$

17 a) $G = 32$ kg
b) $G = 200$ m
c) $G = 175$ Punkte
d) $G = 800$ Schüler
e) $G = 2500$ €
f) $G = 16$ h 40 min

18 Es sind 192 Artikel nicht zu gebrauchen.

19 Ute fehlen noch 80 % des Betrags.

20 a) Die Versicherung zahlt 1530 €.
b) Er muss noch 270 € zahlen.

21 a) Der Preis wurde auf 88 % reduziert.
b) Der Preis ist um 12 % gefallen.

22 Es waren 5450 Punkte zu erreichen.

23 a) Die Mehrwertsteuer entspricht 89,30 €.
b) Die Reparatur kostet insgesamt 559,30 €.

24 Vorher mussten 617 € Miete gezahlt werden.

25 Der Mantel kostete vorher 233 €.

26 Sein Sparguthaben betrug 200 €.

27 Das Kapital bringt 135 € Zinsen.

V Dreisatz

28 a) nicht proportional, da man unterschiedlich schnell wächst.
b) antiproportional, je größer die Schrift desto weniger Zeilen passen auf eine Seite
c) proportional (soweit es keine Rabatte bei mehreren Kugeln gibt), je mehr Kugeln, desto höher der Preis
d) antiproportional, je mehr LKW, desto weniger Zeit benötigen sie
e) proportional, da jede Münze gleich viel wiegt
f) nicht proportional, da der Zuckergehalt (Anteil des Zuckers im Getränkt) nicht steigt sondern gleich bleibt
g) antiproportional, je mehr Rasenmäher mähen, desto schnelle kann eine Fläche gemäht werden
h) proportional, je länger die Seite, desto größer der Umfang
i) antiproportional, je höher die Geschwindigkeit, desto kürzer ist die Fahrt für eine gleich lange Strecke, sofern keine Pausen eingelegt werden

29 individuell verschieden; Beispiele
a) Je größer der Kreis ist, desto größer ist sein Umfang.
b) Je größer ein Eimer, desto kleiner die Anzahl der Schüttungen, um eine Badewanne zu füllen.
c) Verdoppeln sich die verkauften Karten, so verdoppeln sich auch die Einnahmen.
d) Wenn sich die Anzahl der Arbeiter halbiert, so verdoppelt sich die benötigte Zeit.

30 a) proportional
b) nicht proportional und nicht antiproportional
c) nicht proportional und nicht antiproportional
d) antiproportional
e) proportional

31 a) falsch
b) falsch
c) richtig
d) richtig

32 a)

x	1	2	3	4	5
y	6	12	18	24	30

b)

x	1	2	3	4	5
y	0,75	1,5	2,25	3	3,75

c)

x	$\frac{1}{2}$	1	$1\frac{1}{2}$	2	$2\frac{1}{2}$
y	4	8	12	16	20

33 a)

x	1	2	3	4	5
y	180	90	60	45	36

b)

x	1	2	3	4	5
y	60	30	20	15	12

c)

x	1	2	4	5	8
y	80	40	20	16	10

34 Ein kg Fleisch kostet 9,80 €.

35 Auf 100 km verbraucht der PKW 8 l.

36 Die Schrittweite der Tochter beträgt 50 cm.

37 Der andere Hausbewohner zahlt 57,50 €.

38 Ein LKW benötigt 8 h 15 min.

39 Er benötigt für die Küche 180 Kacheln.

40 Ein Taschenrechner kostet 11,49 €.

41 Für 18 Hunde reicht der Vorrat 17,5 Tage

VI Flächen- und Körperberechnungen

42 $u = 290\,\text{cm}$; $A = 4950\,\text{cm}^2$

43 Länge $b = 8\,\text{cm}$; $A = 48\,\text{cm}^2$

44 a) $A = 40\,000\,\text{m}^2$ b) $a = 200\,\text{m}$

45 a) $A = 980\,000\,\text{cm}^2$ b) Man benötigt 20 000 Fliesen.

46 $u \approx 18{,}85\,\text{cm}$; $A \approx 28{,}27\,\text{cm}^2$

47 a) $V = 30\,\text{m}^3$ b) 2 m

48 a) $V \approx 197{,}9\,\text{cm}^3$ b) Der Strohhalm muss mindestens 9,3 cm lang sein. Günstig wäre z. B. eine Länge von 12 cm.

49 a) Würfel b) Würfel c) Kegel

VII Algebra

50 a) $2x + 35$ b) $6a - 14b$
c) $21x - 84$ d) $9a^2 + 9a - 70$
e) $-18x + 31$ f) $25x - 61$
g) $12x^2 - 8x - 32$

51 a) $x = 2$ b) $t = 8$
c) $y = -20$ d) $v = 12$
e) $s = 9$ f) $x = 21$

52 $7x + 5 = -37$
$x = -6$
Die Zahl heißt −6.

53 $2x + x + \frac{1}{2}x = 357$
$x = 102$
Die erste Zahl ist 204, die zweite 102 und die dritte 51.

54 $(x + 5) \cdot 2 - 16 = (x - 12) \cdot 5$
$x = 18$
Die gesuchte Zahl ist 18.

55 $x + (x + 13) = 35$;
$x = 11$
Enno ist 11 Jahre und Robert ist 24 Jahre alt.

56 a) $3x + x + (x + 26) = 86$
$x = 12$
Der Sohn ist 12 Jahre alt.
b) Der Vater ist 38 Jahre und die Mutter ist 36 Jahre alt.

57 a) $x + 2x + 5x = 200$
$x = 25$
Von jeder Sorte erhält man 25 Brettchen.
b) Es sind insgesamt 75 Brettchen.

58 $40\,m^2 = 400\,000\,cm^2$
Es sind mindestens 1000 Platten nötig.

59 a) Ein Anteil beträgt 280°
b) Person C erhält 1400°.

60 a) Der Winkel α hat eine Größe von 20°
b) Die Winkel β und γ haben jeweils eine Größe von 80°.

61 a) $x = 3,\ y = 0$ b) $x = 9,\ y = 10$
c) $x = 0,\ y = 4$ d) keine Lösung

Verarbeitungskapazität

VIII Ergebnisse schätzen

62 a) ④ 1353 b) ① 9802
c) ③ 351 526 d) ① 949

63 a) ③ 10 834 b) ① 24 500
c) ② 198 d) ③ 154 440
e) ③ 3300

64 a) $9660 \approx 10\,000$ b) $2084 \approx 2000$
c) $0{,}0108 \approx 0{,}01$ d) $22 \approx 20$
e) $17\,475 \approx 17\,000$ f) $7{,}179\,487 \approx 7$

65 a) ca. 750 km/h b) ca. 2100 €
c) ca. 85 Flaschen

IX Zahlenfolgen und Figurenreihen

66 a) 32 b) 27
c) 14 d) 22
e) 48 f) 20
g) 25 h) 45

67 a) *E* b) *B*
c) *E* d) *C*

68 a) 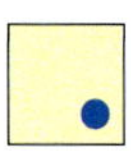 b) 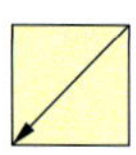 c) 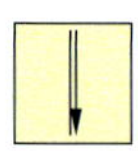

IX Kopfgeometrie

69 *C*

70 a) 5 b) 8
c) 2 d) 10

71 1 – *c*; 2 – *b*; 3 – *d*; 4 – *a*

72 ① B,
② kann B sein,
③ kann A oder C sein,
④ A, kann auch B oder C sein

73 ① B; ② A; ③ C; ④ D

Seite 27 Test

1 a) 417 343 b) 53 705
c) 7500 d) 14 261 035
e) 35 021 f) 3826
g) 34 h) 75

2 Sechs Busse reichen gerade nicht, demnach müssen sieben Busse bestellt werden

3 a) 120 mm b) 80 dm
c) 3500 m d) 0,15 km
e) 6 t f) 0,45 kg
g) 7050 kg h) 3,05 kg
i) 7,04 € j) 200 ct
k) 420 s l) 9 h
m) 3600 s n) 36 min

4 a) $\frac{8}{11}$ b) $\frac{1}{3}$
c) $\frac{7}{12}$ d) $3\frac{1}{3}$
e) $1\frac{5}{24}$ f) $1\frac{7}{8}$
g) $\frac{6}{35}$ h) $4\frac{1}{2}$
i) $\frac{1}{8}$ j) 3
k) $\frac{2}{11}$ l) 16
m) $\frac{2}{3}$ n) $1\frac{4}{11}$

5 a) 34,76 b) 3,852
c) 1,76 d) 3,087
e) 3,6975 f) 107,88
g) 5,64 h) 2,035

6 a) … 73, 77, 81
b) … 64, 61, 58
c) … 19, 38, 35
d) … 43, 55, 69
e) … 39, 31, 93
f) … 55, 89, 144

7 a) $W = 350$ €
b) $W = 54$ kg
c) $W = 756$ m
d) $p\% = 25\%$
e) $p\% = 4\%$
f) $G = 260$ t
g) $G = 250$ Stück

8 a) Die Zinsen für ein Jahr betragen 360 €.
b) Im Folgejahr betragen die Zinsen 376,2 €.

9 a) Es haben 18 600 Bürger ihre Stimme abgegeben.
b) Gegenkandidat Mittermayer erhielt etwa 31,7 % der Stimmen.

10 a) $V = 60\,000\,\text{cm}^3 = 60\,\text{l}$
b) Es befinden sich 57 l Wasser im Aquarium.

11 a) Das Feld ist 90 m lang.
b) Die Anlage bewässert etwa 77,8 % des Feldes.

12 a) Mona muss 72 ct bezahlen.
b) Sie erhält 28 ct zurück.
c) Er hat 25 Brötchen gekauft.

13 Es müssen 23 Arbeiter tätig sein.

14 a) $r = 15$ cm
b) $A = 706{,}9\,\text{cm}^2$
c) Bei doppeltem Radius verdoppelt sich auch der Umfang, aber der Flächeninhalt vervierfacht sich.

15 Das Dreieck ist rechtwinklig, da der Satz des Pythagoras gilt, wobei a die Hypotenuse ist.

16 a) $x = 12$ b) $x = 6$ c) $x = 3$

17 I $x + y = 42$
II $x + 2y = 66$
$x = 18,\ y = 24$
Das Hotel hat 18 Einzel- und 24 Doppelzimmer.

18 $x + (x + 3) = 99$
$x = 48$
Die Mutter ist 48 Jahre alt, der Vater ist 51 Jahre alt.

19 $x + (x + 4) = 80$
$x = 38$
Die Frau ist 38 Jahre alt, der Mann ist 42 Jahre alt.

20 a) ③ 11 344
b) ② 6998
c) ② 450
d) ③ 998 994

21 a) *B*
b) *D*

22 *D*

23 a) 10
b) 8

24 b), f) und g)

Lösungen zum Training

Seite 29 Rechnen mit reellen Zahlen und Wurzeln

1 a) $\sqrt{9 \cdot 16 \cdot 100} = \sqrt{9} \cdot \sqrt{16} \cdot \sqrt{100} = 3 \cdot 4 \cdot 10 \cdot = 120$
b) $\sqrt{1600} = 40$
c) $\sqrt{9} \cdot \sqrt{16} \cdot \sqrt{100} = 3 \cdot 4 \cdot 10 = 120$
d) $\sqrt{40000} = 200$
e) $\sqrt{25 \cdot 36} = \sqrt{25} \cdot \sqrt{36} = 5 \cdot 6 = 30$
f) $\sqrt{360000} = \sqrt{36} \cdot \sqrt{10000} = 6 \cdot 100 = 600$

2 a) $2\sqrt{7} - \sqrt{7} = \sqrt{7} \approx 2{,}65$
b) $3\sqrt{5} + 4\sqrt{5} = 7\sqrt{5} \approx 15{,}65$
c) $3\sqrt{11} - 5\sqrt{7} = -2\sqrt{11} \approx -6{,}63$
d) $12\sqrt{7} + 5\sqrt{7} = 17\sqrt{7} \approx 44{,}98$
e) $2{,}5\sqrt{13} - 3\sqrt{13} = -0{,}5\sqrt{13} \approx -1{,}80$
f) $6\sqrt{30} - \frac{1}{7}\sqrt{30} = \frac{41}{7}\sqrt{30} \approx 32{,}08$
g) $3\sqrt{7} - 4\sqrt{8} \approx -3{,}38$
h) $8\sqrt{17} + 2{,}4\sqrt{18} \approx 22{,}80$
i) $22\sqrt{15} + 3{,}6\sqrt{13} \approx 98{,}19$
j) $0{,}8\sqrt{36} - 12\sqrt{27} \approx -57{,}55$
k) $32\sqrt{25} - 19\sqrt{30} \approx 55{,}93$
l) $14{,}2\sqrt{24} - 0{,}8\sqrt{14} \approx 66{,}57$

3 6,704 980 843 …, 20,077 472 53 …, 1,862 068 966 … und 3,043 478 261 … sind irrational. 0,333 333 … und 0,037 037 … sind rational.

4 Jeder Dezimalbruch mit einer Nachkommastelle aus dem Intervall von 44,3 bis 45,5 ergibt beim Wurzelziehen den gerundeten Wert 6,7.

5 a) $15 < \sqrt{250} < 16$ b) $31 < \sqrt{1000} < 32$
c) $17 < \sqrt{305} < 18$

6 a) [1; 2], [1,7; 1,8], [1,73; 1,74], [1,732; 1,733], [1,7320; 1,7321], [1,73205; 1,73206], $\sqrt{3} \approx 1{,}7321$
b) [2; 3], [2,2; 2,3], [2,23; 2,24], [2,236; 2,237], [2,2360; 2,2361], [2,23606; 2,23607], $\sqrt{5} \approx 2{,}2361$
c) [3; 4], [3,3; 3,4], [3,31; 3,32], [3,316; 3,317], [3,3166; 3,3167], [3,31662; 3,31663], $\sqrt{11} \approx 3{,}3166$

7 a) $x = 30$ b) $x = 40$ c) $x = 12$
d) $x = 20$ e) $x = 74$ f) $x = 5$

8 Das Produkt zweier rationaler Zahlen ist wieder rational.

9 a) $x = 7$ b) $x = 1{,}75$ c) $x = -3$ d) $x = 2$
e) $x = 2{,}88$ f) $x = 2$ g) $x = 6$

10 a), b), d) und e) können keine Lösung haben. c), f) und g) können eine Lösung haben.

11 a) $\sqrt{x + 27} = 9$, also $x = 54$
b) $\sqrt{5x} = 100$, also $x = 2000$
c) $\sqrt{x - 66} = 30$, also $x = 966$
d) $\sqrt{x + 32} = \sqrt{3x - 1}$, also $x = 16{,}5$

12 Individuell verschieden.

13 a) $x = 5$ b) $x \approx 3{,}32$ c) $x \approx 10{,}11$

Seite 30 Quadratische Funktionen

1 a) nach oben geöffnet; um 1 nach unten verschoben; $S(0|-1)$
b) nach unten geöffnet; um 4 nach oben verschoben; $S(0|4)$
c) nach unten geöffnet; gestreckt mit Faktor 2,5; um 5,5 nach oben verschoben; $S(0|5{,}5)$
d) nach oben geöffnet; gestaucht mit Faktor $\frac{2}{3}$; nach unten um $\frac{1}{2}$ verschoben; $S\left(0\middle|-\frac{1}{2}\right)$
e) nach oben geöffnet; um 4 nach rechts und um 3 nach oben verschoben; $S(4|3)$
f) nach oben geöffnet; gestreckt mit Faktor 1,5; um 1 nach rechts verschoben; $S(1|0)$
g) nach unten geöffnet; gestaucht um Faktor $\frac{1}{2}$; um 4 nach links und um 2 nach unten verschoben; $S(-4|-2)$
h) nach oben geöffnet; gestreckt mit Faktor 2; um 4 nach rechts verschoben; $S(4|0)$
i) nach oben geöffnet; gestaucht mit Faktor 0,8; um 2 nach rechts und um 1 nach oben verschoben; $S(2|1)$
j) nach unten geöffnet; um 8 nach links verschoben; $S(-8|-1)$

2 a) $f(x) = (x + 7)^2$; $S(-7|0)$ b) $f(x) = (x - 3)^2$; $S(3|0)$
c) $f(x) = (x + 9)^2$; $S(-9|0)$ d) $f(x) = (x - 2)^2 + 2$;
e) $f(x) = (x + 1{,}5)^2 + 0{,}75$; $S(-1{,}5|0{,}75)$
f) $f(x) = (-x + 3)^2 + 19$; um 3 nach links und um 19 nach oben verschoben; $S(-3|19)$
g) $f(x) = (3x - 1{,}5)^2 - 18{,}75$; nach oben geöffnet; gestreckt mit dem Faktor 3; um 1,5 nach rechts und um 18,75 nach unten verschoben; $S(1{,}5|-18{,}75)$
h) $f(x) = -2(x - 1)^2 + 32$; nach unten geöffnet; gestreckt mit dem Faktor 2; um 1 nach rechts und um 32 nach oben verschoben; $S(1|32)$

3 a) $f(x) = \frac{1}{3}(x - 2)^2 + 1$ b) $f(x) = -2(x + 3)^2 + 4$
c) $f(x) = 2(x - 3)^2$ d) $f(x) = (x - 1)^2 + 4$
e) $f(x) = 1{,}25x^2$

4 $a = -\frac{1}{160}$, $f(x) = -\frac{1}{160}x^2$

5 Die Gleichung beschreibt den Wasserstrahl.
Nullstellen: $x_1 = 0$ und $x_2 = 10$; Scheitelpunkt $S(5|4)$

6 a) $f(x) = (x - 4)^2$; Scheitelpunkt bei $S(4|0)$; nach oben geöffnet; eine Nullstelle
b) $f(x) = -(x + 1)^2 - 2$; Scheitelpunkt bei $S(-1|-2)$; nach unten geöffnet; keine Nullstelle
c) $f(x) = 3(x + 0{,}5)^2 - 6{,}75$; Scheitelpunkt bei $S(-0{,}5/-6{,}75)$; nach oben geöffnet; zwei Nullstellen
d) $f(x) = 2(x + 2)^2 - 5$; Scheitelpunkt bei $S(-2|-5)$; nach oben geöffnet; zwei Nullstellen

7 äußerer Bogen: $f(x) = -\frac{1}{48}x^2$
innerer Bogen: $f(x) = -0{,}028\,755x^2$

8 a) $f(2) = 70$, also befindet sie sich in 70 m Höhe.
b) Der Scheitelpunkt liegt bei $S(4{,}5|101{,}25)$.
Nach 4,5 s ist die Kugel in einer Höhe von 101,25 m.
c) Nach 9 s trifft sie auf dem Boden auf.
d) Nach 3 s oder nach 6 s befindet sie sich in einer Höhe von 90 m.

Seite 31 Gleichungen lösen

1 a) $x_1 = 99$ und $x_2 = -99$ b) $x_1 = 45$ und $x_2 = -45$
c) $x_1 = 26$ und $x_2 = -26$ d) keine Lösung
e) $x_1 = 33$ und $x_2 = -33$ f) $x = 0$
g) $x_1 = 23$ und $x_2 = -23$ h) keine Lösung

2 $x \cdot 5x = 180$: Die Zahl ist 6.

3 a) Die Diagonale ist ca. 113,1 cm lang.
b) Die Seitenlänge beträgt ca. 56,6 cm.

4 a) $x_1 = 1$ und $x_2 = -9$ b) $x_1 = 8$ und $x_2 = -12$
c) $x_1 = 6$ und $x_2 = -3$ d) $x_1 = -2{,}5$ und $x_2 = -10$
e) $x_1 = 4$ und $x_2 = -5$ f) $x_1 = -8$ und $x_2 = -12$

5 a) $x_1 = 5$ und $x_2 = 3$ b) $x_1 = 5$ und $x_2 = 4$
c) $x_1 = 8$ und $x_2 = -4$ d) $x_1 = 1$ und $x_2 = -3$
e) $x_1 = 20$ und $x_2 = 0$ f) $x = 2$
g) $x_1 = \frac{4}{3}$ und $x_2 = -\frac{5}{3}$ h) $x_1 = 4$ und $x_2 = 2$

6 I: $x = y + 10$ und II: $1575\,\text{m}^2 = x \cdot y$
I in II einsetzen: $(y + 10) \cdot y = 1575$
Das Grundstück ist 45 m lang und 35 m breit.

7 I: $2a + 2b = 96\,\text{cm}$; nach Umformen folgt $a = 48\,\text{cm} - b$
II: $a \cdot b = 432\,\text{cm}^2$ I in II einsetzen
$b_1 = 36\,\text{cm} \Rightarrow a_1 = 12\,\text{cm}$ und
$b_2 = 12\,\text{cm} \Rightarrow a_2 = 36\,\text{cm}$
Das Rechteck ist 36 cm lang und 12 cm breit.

8 $(25\,\text{m} + 2x) \cdot (15\,\text{m} + 2x) = 6 \cdot 25\,\text{m} \cdot 15\,\text{m}$;
Zusammenfassen und Anweden der p-q-Formel
auf die Normalform ergibt: $x \approx 13{,}85\,\text{m}$
Länge: 52,70 m; Breite: 42,70 m

9 $2x^2 + 4 \cdot 7x = 64x = 2$
a) Seitenlänge: 2 m b) Volumen: $28\,\text{m}^3$

10 $x(x - 4) = 357 \Leftrightarrow x = 21$
Karina ist 17 und ihr Freund Tom ist 21 Jahre alt.

11 a) $a^2 + b^2 = 15^2$ mit $b = a - 3\,\text{cm}$
$a = 12\,\text{cm} \Rightarrow b = 9\,\text{cm}$
Eine Kathete ist 12 cm, die andere 9 cm lang.
b) Der Flächeninhalt beträgt $54\,\text{cm}^2$.

12 a) $2 \cdot \pi r^2 = \pi(r + 15)^2 \Leftrightarrow r \approx 36{,}21$
Der ursprüngliche Radius war 36,21 cm.
b) Der Radius wurde um ca. 41,4 % vergrößert.

13 $x^2 + (200 - x)^2 = 143^2$; $x_1 = 114{,}98$ und $x_2 = 85{,}02$
Die Wiese ist ca. 155 m lang und 85 m breit.

14 Die Brücke ist 6 m breit und 4,5 m hoch.

15 a) $f(x) = 0{,}5(x - 2)^2 + 2$: $S_f(2|2)$
$g(x) = -2(x - 1{,}5)^2 + 8{,}5$; $S_g(1{,}5|8{,}5)$
b) f: keine Nullstellen
g: $x_1 = 3{,}56$ und $x_2 = -0{,}56$
c) $f(x) = g(x)$ gilt für $x_1 = 3{,}2$ und $x_2 = 0$
Schnittpunkte: $S_1(3{,}2|2{,}72)$ und $S_2(0|4)$.

Seite 32 Zufall und Wahrscheinlichkeiten

1 a) $P(„8“) = \frac{1}{8}$
b) $P(„\text{gerade Zahl}“) = \frac{1}{2}$
c) $P(„\text{blaues Feld}“) = \frac{1}{2}$
d) $P(„\text{Zahl} < 6“) = \frac{5}{8}$
e) $P(„\text{blaues Feld mit gerader Zahl}“) = \frac{1}{8}$

2 Da die Flächen des Quaders unterschiedlich groß sind, sind die Elementarergebnisse nicht gleich wahrscheinlich.
Es ist beispielsweise wahrscheinlicher, eine „5“ zu werfen als eine „3“. Damit liegt kein Laplace-Experiment vor.

3 a) $P(„\text{Herz-Ass}“) = \frac{1}{32}$
b) $P(„\text{schwarzer Bube}“) = \frac{2}{32} = \frac{1}{16}$
c) $P(„\text{König}“) = \frac{4}{32} = \frac{1}{8}$
d) $P(„7 \text{ oder } 8“) = \frac{8}{32} = \frac{1}{4}$
e) $P(„\text{Karo}“) = \frac{8}{32} = \frac{1}{4}$
f) $P(„\text{rote Karte}“) = \frac{16}{32} = \frac{1}{2}$
g) $P(„\text{Dame oder schwarze Karte}“) = \frac{18}{32} = \frac{9}{16}$
h) $P(„\text{Bube, Dame oder König}“) = \frac{12}{32} = \frac{3}{8}$
i) $P(„\text{gerade Zahl}“) = \frac{8}{32} = \frac{1}{4}$

4 ②, ③ und ④ können als zweistufige Zufallsexperimente interpretiert werden. Bei ① handelt es sich um ein einstufiges Zufallsexperiment.

5 schwarze Karte gezogen
a) $P(„\text{Hannah trifft}“) = \frac{8}{10} = 80\,\%$
$P(„\text{Katrin trifft}“) = \frac{9}{12} = \frac{3}{4} = 75\,\%$
$P(„\text{Thomas trifft}“) = \frac{4}{8} = \frac{1}{2} = 50\,\%$
$P(„\text{Michael trifft}“) = \frac{12}{15} = \frac{4}{5} = 80\,\%$
$P(„\text{Marco trifft}“) = \frac{3}{9} = \frac{1}{3} \approx 33{,}3\,\%$
b) Hannah und Michael haben das Schießen gewonnen.

6 a) $P(„M“) = \frac{1}{5}$ b) $P(„A“) = \frac{2}{5}$
c) $P(„\text{Vokal}“) = P(„A \text{ oder } I“) = \frac{3}{5}$c) $P(„S“) = 0$

7 a) $\frac{1}{4} \cdot \frac{1}{4} = \frac{1}{16} = 6{,}25\,\%$
b) $\frac{1}{4} \cdot \frac{1}{4} + \frac{1}{4} \cdot \frac{3}{4} + \frac{1}{4} = \frac{7}{16} = 43{,}75\,\%$
Mit einer Wahrscheinlichkeit von 43,75 % wurde mindestens eine Aufgabe richtig beantwortet.
c) Bei zehn Antwortmöglichkeiten, von denen genau eine richtig ist, liegt die Wahrscheinlichkeit, beide Fragen durch Raten zu lösen, bei genau 1 %.

8 Die Aussagen der Schülerinnen sind mathematisch gesehen falsch. Sucht man willkürlich einen Schüler aus der Klasse aus, so liegt die Wahrscheinlichkeit dafür, dass er eine „5“ geschrieben hat, bei $\frac{4}{25} = 16\,\%$. Chantal hat als Klassenbeste sehr wahrscheinlich keine 5 geschrieben. Andererseits ist es keinesfalls sicher (d. h. die Wahrscheinlichkeit beträgt 1), dass Selina eine „5“ geschrieben hat.
Günstiger wäre der Audruck „sehr wahrscheinlich“.

Seite 33 Kreiskugel und Kegel

1 a) $V = 583{,}3\,\text{cm}^3$
b) $h \approx 8{,}7\,\text{cm}$, $V \approx 226{,}7\,\text{cm}^3$
c) $r \approx 11{,}2\,\text{mm}$, $V \approx 1309{,}0\,\text{mm}^3$
d) $h \approx 32{,}1\,\text{m}$, $V \approx 6584{,}0\,\text{m}^3$

2 a) $s \approx 17{,}7\,\text{cm}$, $A_M \approx 278{,}3\,\text{cm}^2$, $A_O \approx 356{,}9\,\text{cm}^2$, $V \approx 445{,}1\,\text{cm}^3$
b) $r = 15\,\text{mm}$, $s = 25\,\text{mm}$, $A_M \approx 1178{,}1\,\text{mm}^2$, $A_O \approx 1885{,}0\,\text{mm}^2$, $V \approx 4712{,}4\,\text{mm}^3$
c) $r \approx 11{,}2\,\text{cm}$, $A_M \approx 526{,}9\,\text{cm}^2$, $A_O \approx 919{,}6\,\text{cm}^2$, $V \approx 1309{,}0\,\text{cm}^3$
d) $r = 4\,\text{cm}$, $A_M \approx 113{,}1\,\text{cm}^2$, $A_O \approx 163{,}4\,\text{cm}^2$, $h \approx 8{,}1\,\text{cm}$, $V \approx 135{,}1\,\text{cm}^3$

3 a) $V \approx 212{,}2\,\text{cm}^3$, $A_O \approx 172{,}0\,\text{cm}^2$
b) $V \approx 1098{,}1\,\text{dm}^3$, $A_O \approx 514{,}7\,\text{dm}^2$

4

	r	h	A_M	A_O	V
a)	6	3,77	133,57	246,67	142
b)	6,91	8	100	250	400
c)	30	15	3161,17	5988,60	14137,17
d)	9,5	12,5	468,58	590	1181,37

5 a) $d \approx 30{,}3\,\text{cm}$ b) $d \approx 1{,}6\,\text{m}$
c) $d \approx 3{,}8\,\text{cm}$ d) $d \approx 11{,}6\,\text{m}$

6 Eine Kugel hat einen Durchmesser von $d = 30\,\text{cm}$.
a) Das Volumen der Kugel beträgt $14\,137{,}17\,\text{cm}^3$.
b) Einen Durchmesser von 18,9 cm.
c) Der Oberflächeninhalt der ersten Kugel beträgt 2827,43 cm^2 und der zweiten Kugel 1122,21 cm^2.

7 Das Volumen der Kugel vergrößert sich um das Achtfache.

8

	r_a	r_i	V
a)	6 cm	2 cm	$871{,}27\,\text{cm}^3$
b)	15 cm	7,5 cm	$12\,370{,}02\,\text{cm}^3$
c)	49 dm	2,4 m	$434{,}90\,\text{m}^3$
d)	45 cm	1,5 dm	$367{,}57\,\text{dm}^3$
e)	34 mm	29,23 mm	$60\,024\,\text{mm}^3$
f)	18 mm	17,79 mm	$859{,}3\,\text{mm}^3$

9 a) $A_O \approx 201{,}1\,\text{cm}^2$
b) $r \approx 2{,}8\,\text{cm}$
c) $r \approx 5{,}7\,\text{cm}$

10 $V_{\text{Kugel}} \approx 4189\,\text{cm}^3 > V_{\text{Pyramide}} \approx 333\,\text{cm}^3 > V_{\text{Kegel}} \approx 262\,\text{cm}^3$

11 $\frac{V_{\text{Kegel}}}{V_{\text{Kugel}}} = \frac{\frac{1}{3} \cdot \pi \cdot (50\,\text{mm})^2 \cdot 100\,\text{mm}}{\frac{4}{3} \cdot \pi (1{,}5\,\text{mm})^3} \approx 18\,518{,}5$
Vom reinen Volumen her würden maximal 18 518 Kugeln hineinpassen, durch Hohlräume sind es aber deutlich weniger Kugeln.

12 a) Die entstandene Kugel hat ein Volumen von $4188{,}79\,\text{cm}^3$.
b) Der Würfel hat ein Volumen von $8000\,\text{cm}^3$. Also weicht das Volumen der Kugel um 47,64 % von dem des Würfels ab.
c) Der Oberflächeninhalt der Kugel weicht ebenfalls um 47,64 % von dem Oberflächeninhalt des Würfels ab.

Stichwortverzeichnis

Erarbeitet unter Verwendung von Materialien von
Ilona Gabriel
Ines Knospe
Reinhold Koullen
Dr. Günter Ruprecht
Udo Wennekers

Redaktion: Viola Wilhelm
Herstellung: Hans Herschelmann
Satz: L101 Mediengestaltung, Berlin

www.cornelsen.de
www.vwv.de

Unter der folgenden Adresse befinden sich multimediale Zusatzangebote für die Arbeit mit dem Schülerbuch:
www.cornelsen.de/zahlen-und-groessen
Die Buchkennung ist: **MZG001152**

1. Auflage, 1. Druck 2010

Alle Drucke dieser Auflage sind inhaltlich unverändert und können im Unterricht nebeneinander verwendet werden.

Druck: CS-Druck CornelsenStürtz, Berlin

ISBN 978-3-06-001162-9

Inhalt gedruckt auf säurefreiem Papier aus nachhaltiger Forstwirtschaft.